人物形象设计专业
教学丛书

HUAZHUANG SHEJI YU
SHIXUN

化妆设计与实训

第二版

熊雯婧　陈霜露　主　编

王慧敏　简　义　副主编

化学工业出版社

·北京·

内容简介

《化妆设计与实训（第二版）》由从事美容行业十几年、指导学生获多个国内外化妆造型奖项的职业院校专业教学团队，以及教育部1+X证书试点评价机构共同编写与修订。本次编写全面贯彻党的教育方针，落实立德树人根本任务，充分体现社会主义核心价值观，服务现代服务业，在第一版基础上进行知识新增和内涵升级。通过化妆师职业素养、基础化妆修饰、生活化妆与项目实训、艺术化妆与项目实训四个模块，十个项目，二十七个任务的内容设计，从化妆师的职业道德与职业礼仪到妆前准备，从面部分析到五官化妆技巧与矫正，从生活类化妆到艺术型化妆，从生活裸妆、新娘化妆到晚宴宴会化妆、时尚摄影化妆，描述了化妆设计方方面面的内容。

实训内容附相应视频讲解与在线开放课程，学习者可自行学习相关教学内容，拓展实践项目，有助于标准化、多维度地培养职业化妆师与造型师。

本书适合作为职业院校人物形象设计、美容美体艺术、医疗美容技术、服装与服饰设计、戏剧影视表演、舞台艺术设计、表演艺术、服装表演等相关专业的师生教学用书，也可作为职业培训教材和化妆、造型爱好者的自学参考用书。

图书在版编目（CIP）数据

化妆设计与实训/熊雯婧，陈霜露主编．—2版．—北京：化学工业出版社，2022.11
（人物形象设计专业教学丛书）
ISBN 978-7-122-42046-6

Ⅰ．①化…　Ⅱ．①熊…　②陈…　Ⅲ．①化妆-造型设计-教材　Ⅳ．①TS974.1

中国版本图书馆CIP数据核字（2022）第153644号

责任编辑：李彦玲
文字编辑：吴江玲
责任校对：宋　夏
装帧设计：王晓宇

出版发行：化学工业出版社
　　　　　（北京市东城区青年湖南街13号　邮政编码100011）
印　　装：中煤（北京）印务有限公司
787mm×1092mm　1/16　印张10　字数210千字
2023年1月北京第2版第1次印刷

购书咨询：010-64518888　　　　　售后服务：010-64518899
网　　址：http://www.cip.com.cn
凡购买本书，如有缺损质量问题，本社销售中心负责调换。

定　　价：59.80元

伴随着《中华人民共和国职业教育法》的发布，《化妆设计与实训》完成了第二版的编写、修订与摄录工作。本书围绕职业教育高质量发展，通过与 1+X 人物化妆造型评价组织共同开发，将新技术、新工艺、新理念纳入书中，同时通过活页式练习册、在线开放课程的方式动态更新，"生逢盛世，肩负重任"，致力于为国家培养更多高素质的化妆、造型方面技术技能人才。

本书在内容设计上坚持"质量为先、动态更新"原则，为了体现职业教育的特色，更新了社会主义核心价值观、中华优秀传统文化、劳动教育、职业素养等方面的内容，加强价值引导、提升核心素养，为学习者终身发展奠定基础。按照《职业教育专业目录（2021 年）》中相应专业课程要求，新增了职业道德与礼仪，内涵上根据岗位工作流程，从底妆到五官修饰，从生活型化妆项目到艺术型比赛类化妆要求都进行了升级，结合化妆师、造型师岗位典型工作任务，专业课程教学目标，世界技能大赛化妆部分国际评审标准，以及 1+X 人物化妆造型等级考核标准组织教学项目，探索适用于中国特色的活页式、工作手册式教材，并积极组织编写团队建设教材配套资源，使学习者具备从事化妆、造型职业或者实现职业发展所需要的职业道德、科学文化与专业知识、技术技能等职业综合素质和行动能力。

在这里要特别感谢重庆城市管理职业学院人物形象设计专业负责人陈霜露老师，在编写过程中克服重重困难，带领简义、杨曦两位老师为本书的实训项目拍摄实操视频，同时承接了妆容手绘效果图的编写任务；

感谢浙江纺织服装职业技术学院的王慧敏老师，为本书的编写提供了很多新资讯与新技术；感谢湖北开放大学罗晓燕、严可祎两位老师参与本书实训部分的修订工作。同时，还要感谢北京色彩时代商贸有限公司的李伟涛先生，不仅参与本书的内容开发，还提供了大量产品与工具图片供学习者参考。感谢世界技能大赛美容项目中国专家组组长王芃女士将世界技能大赛的考核标准提供给我们，为艺术化妆项目提供了技术参考。感谢参与本书拍摄工作的宁波市镇海诚炫文化传媒有限公司。感谢所有模特与学生的配合，他们是胡丽雅、严幼君、邓淑月、石明月、梅玉吉、杨斯尹、欧梦婷、文芯柳、周悦、任晓雯、张萍、杨钰青。感谢参与视频拍摄的陈霜露、简义、王敏、冯前荣、刘嘉嘉、徐丽梅、杨欣七位老师，感谢杨曦老师负责全书插画与图片处理。本书的出版特别要感谢化学工业出版社的指导，合作十年，一如既往地支持与信任我。尽管在本次修订中，我们已经多方面考虑职业教育"三教改革"对于岗课赛证的要求，也力求实现思想政治教育与技术技能培养相结合，但依然存在疏漏之处，欢迎行业内外尤其是职业院校的专家和从事职业培训的行家能手给予批评指正，以便未来对本书进行修订与完善。

熊雯婧

二〇二二年四月

模块一

化妆师职业素养

作为现代服务行业的从业人员，首先应该坚持正确的政治方向和价值导向，在习近平新时代中国特色社会主义思想指导下，爱岗敬业、诚信友善，践行社会主义核心价值观，按照职业岗位需求学习相关的法律法规，规范自己的职业行为，在服务中做到提前到岗，严格遵守与顾客的约定，保持健康正面的个人职业形象，使用规范的语言、正面的肢体语言进行职业化交流与沟通。化妆师需带妆上岗，着工作服，戴口罩，在顾客到来之前，安排并与化妆助理一起清洁化妆区域和化妆用具，检查化妆用品是否充足。

项目一　化妆师岗前基本素养

素养目标

1. 应知个人职业素养对建立顾客关系的重要性；
2. 应知积极的态度、真诚的笑容、得体的举止在服务中的重要性；
3. 应知个人身体及皮肤健康、昂扬向上的精神面貌在服务中的重要性；
4. 应知专业术语及服务礼貌用语在服务中的重要性；
5. 应知学习新知识、掌握先进技术在工作中的重要性。

知识目标

1. 了解基本的礼仪接待；
2. 了解化妆品整理和合理摆放；
3. 了解面部基础卸妆和护理的过程。

技能目标

1. 具有待人接物的能力；
2. 具备良好的沟通和协作能力；
3. 具备面部基础卸妆和护理能力。

任务一　了解化妆师的职业道德与职业礼仪

一、任务描述

化妆师应具备良好的职业形象、较强的自我管理能力、真诚的服务态度和精益求精的专业精神，学习化妆品学、美学、顾客心理学等专业基础知识。

二、任务分析

与顾客保持良好的客情关系，不断提升服务品质，提高顾客满意度以有效促进业务的增长。

三、任务相关知识

1. 化妆师的职业形象

（1）发型整洁美观

化妆师的发型应以干净利落为基本要求，选择发型，不仅要考虑本人的个性和脸型，更要体现职业特点，做到整洁美观。

（2）化妆清新自然

化妆师自身的化妆不适合怪异的妆扮，应该是自然、清新、柔和的。

（3）着装得体大方

化妆师的着装要体现其职业的特点。化妆师的穿着要得体大方，以方便工作为准则，服装要以干净整洁为基本诉求，结合流行趋势做一些特色重点搭配，可适度地有自己的个性风格。

（4）双手注意保养

化妆师的双手要经常与顾客的皮肤相接触，故要注意手的保养，并保持清洁卫生。

（5）语言亲切随和

谈话的技巧是化妆师赢得顾客的重要因素之一，善于了解顾客的心理，迎合顾客的兴趣，学会运用悦耳亲切的语调，选择愉快的话题，与顾客在交谈中建立友谊。

2. 化妆师的个人卫生标准

（1）双手

加强手部护理，保持皮肤细腻、手部清洁；指甲不可留得又长又尖，不涂浓艳色彩的指甲油；工作前要用酒精消毒。

（2）服饰

服装整洁、合体、大方，切忌穿奇装异服；不佩戴过于夸张的饰物；鞋袜要清洁舒适，切忌穿太高的高跟鞋。

（3）发式

头发要保持清洁卫生；发式要适合脸型，留长发的工作时间要束发。

（4）口腔

注意口腔卫生，保持口腔清洁，切忌出现口腔异味；工作中不要把呼出的气喷在顾客脸上，化妆操作时建议佩戴医用卫生口罩。

（5）身体

每天保持身体清洁，可使用少许清新香水。

3. 化妆室的环境卫生

化妆室的环境要干净整洁，化妆工具物品应码放整齐，保持良好的通风和合适的温度与湿度，必要时可用紫外线灯进行空气消毒。

4. 顾客接待礼仪

仪态，即人们所说的站、坐、走的姿势，待人接物的礼貌及言谈举止的仪容，仪态美来自日常的学习和修养。化妆师在服务中要努力做到举止优雅，文明礼貌，给人以美的感受。化妆师接待顾客的仪态示范见图1-1。

图1-1

（1）站姿

优美的站立姿态是：挺胸、收腹、直腰、提臀、颈部挺直、目光平视，下颌微收，双脚呈"丁"字形或"V"字形站立，尽量做到挺、直、高。

（2）坐姿

正确的坐姿是：上身挺直，双膝靠拢，两脚稍微分开。化妆师在为顾客服务时，身体上部直立，可稍向前倾。

（3）步态

正确的步态是：行走时头正、身直，步伐不要迈得太大，双脚基本走在一条直线上，步伐平稳，切忌左右摇摆，上下颤动。

（4）蹲姿

正确的蹲姿是：两脚稍分开，保持背挺直，下蹲屈膝。

（5）工作姿态

正确的化妆工作姿态是：化妆师站在顾客的右侧，微微向下轻倾，左手持化妆用品，右手持工具进行操作，切忌化妆师手扶顾客身体和与顾客面对面进行操作。

四、任务相关标准

1."1+X"人物化妆造型职业技能等级证书考核大纲中职业素养考核内容（表1-1）

表1-1

工作领域	工作任务	职业素养要求
1.职业道德与修养	1.1 职业道德	1.1.1 能自觉遵守行业规范和职业守则 1.1.2 能自觉遵守企业规章制度 1.1.3 能遵守与顾客的约定
	1.2 职业形象	1.2.1 能保持健康正面的个人职业形象 1.2.2 会使用规范的语言、正面的肢体语言进行职业化交流和沟通
	1.3 职业认同	1.3.1 能正确认知职业和行业 1.3.2 具备自我的职业认同感
2.专业知识与认知	2.1 人体结构、功能知识与认知	2.1.1 了解人体解剖基础知识 2.1.2 能正确认知人体基本结构、器官与化妆造型之间的关系
	2.2 美学、设计基础知识与认知	2.2.1 了解美学基础知识 2.2.2 了解设计学基础知识 2.2.3 能正确认知美学、设计学基础知识与人物化妆造型的关系
	2.3 化妆品基础功能知识与认知	2.3.1 正确识别、判断化妆品的合法合规性 2.3.2 识别化妆品功能及效用 2.3.3 能正确使用不同功能的化妆产品
3.职业可持续发展	3.1 职业健康维护	3.1.1 了解人体致病细菌、病毒传染病相关知识 3.1.2 了解化妆造型中工具、设备及用品的卫生消毒知识 3.1.3 会正确清洁、消毒工具、设备、用具，做好服务过程中的个人健康防护 3.1.4 能规范摆放和收纳整理化妆造型工具和产品

续表

工作领域	工作任务	职业素养要求
3.职业可持续发展	3.2 职业安全维护	3.2.1 了解与职业相关的设备、产品理化安全知识 3.2.2 会正确安全使用设备与化学产品 3.2.3 了解公共场所安全知识
	3.3 职业创新发展	3.3.1 能及时掌握行业新技术和潮流发展动态，积极参与各种技术交流、技术培训和继续教育活动 3.3.2 善于总结工作经验，不断提高自我专业技能和创新能力 3.3.3 能在服务操作过程中做到环保和可持续

2. 世界技能大赛美容项目中美容师职业素养的相关考核内容（表1-2）

表1-2

工作组织和管理

· 行业相关健康、安全及卫生管理等法律法规
· 设备、仪器的使用范围、目的、方法及安全维护和存放
· 严格遵守制造商操作指南使用仪器及产品的重要性
· 合理管理与分配时间

· 根据健康、安全和卫生要求准备工作区域
· 根据项目需要准备设备、仪器、工具和材料
· 工作区域布置井然有序、物品取用方便
· 安全、正确、高效地进行工作区域、顾客和自己的准备工作
· 打造具有吸引力的氛围，为顾客带来安全与舒适的享受
· 工作全程及结束后保持工作区域干净、卫生和整洁

职业素养

· 正确的职业价值观及正面积极心态对自身职业发展的重要性
· 保持专业的职业形象、良好职业习惯在服务工作中的重要性
· 良好的人际交往及灵活的应变能力在服务工作中的重要性
· 丰富的专业知识和娴熟的专业技能在提供优质服务中的重要性
· 自律与自我管理、服从与团队协助能力在工作中的重要性

· 以较强的敬业精神，用心、专注、积极的态度投入工作
· 仪容仪表、言谈举止、行为习惯均展现出训练有素的职业形象
· 尊重同事及顾客，展现出良好的顾客和同事关系
· 以丰富的专业知识和娴熟的专业技能为顾客提供高品质服务
· 保持运动及健康的生活方式，拥有健康的体魄

顾客维护

· 收集、整理和保存顾客相关信息资料的重要性
· 服务过程保持顾客舒适、保护顾客隐私的重要性
· 仔细聆听、详细询问以及正确理解顾客愿望的重要性
· 不同文化、年龄、期望及爱好的顾客应采取的不同沟通方式
· 工作过程注重所有"细节"的重要性
· 服务过程、售后服务以及日常关心对维护顾客关系的重要性

顾客维护
·以专业、安全的方式为顾客提供专业的服务 ·以热情、周到的方式迎送和安顿顾客 ·尊重文化差异，维护顾客尊严，以不同方式满足不同顾客需求 ·通过询问和观察发现禁忌证并采取相应措施 ·在沟通中区分顾客的期望和要求，不能满足的不盲目承诺 ·为顾客提供服饰搭配、化妆品购买、日常保养建议 ·工作过程中与顾客保持积极沟通以满足其需求 ·工作结束后及时询问反馈意见，保证顾客满意离开

五、技能操作

1. 了解化妆师的职业岗位标准

2. 说一说职业素养中最重要的是哪部分

3. 了解化妆师的礼仪要求

任务二　顾客接待及妆前准备工作

一、任务描述

化妆师在接待顾客时做好服务项目的沟通工作，提前准备相关的化妆工具和化妆品，做好顾客面部清洁与保养。

二、任务分析

通过对顾客个人信息的分析，根据其要求进行化妆设计，塑造一个完美的晚宴妆造型，使其时尚精致。

三、任务实施及相关知识

1. 顾客接待

化妆师与顾客沟通时要始终面带微笑，姿态优雅，仔细聆听顾客的需求，不打断顾客的讲话，对顾客的需求做出正确的判断。

语气：化妆师应多用请求式、商量式的委婉语气，体现对顾客的尊重。

语音：化妆师的语音应清晰，表达出喜悦、友善等情感。

语调：化妆师的语调应柔和悦耳，表达出亲切、热情、真挚、友善、谅解的情感，切忌使用枯燥、索然无味的语调。

语速：化妆师的语速不应过快，节奏要控制得当。

礼貌用语：如"欢迎光临""您好，我将为您服务""您请坐，您需要哪项服务"等。

具体沟通语言见以下情景对话。

化妆师：欢迎光临！您好，我将为您服务，您请坐，您需要哪项服务？（如果接待已经等候一段时间的顾客时，应先说："对不起，让您久等了。"）

顾客：我想化一个晚宴妆，晚上参加一个商务聚会……

化妆师：好的，请跟我来。请放心，我会尽力为您服务。

化妆师：您有什么要求，请告诉我。

顾客：我想看上去时尚大方，打扮得精致一些。

化妆师：好的，我将为您设计一款符合您特点的晚宴妆。（一边化妆一边为顾客介绍化妆要领）

2. 化妆工具和化妆品的准备（图1-2）

① 将纸巾铺于化妆台上。

② 将清洁产品摆放在左上方，依次是卸妆液、洗面奶、爽肤水、润肤霜、酒精、纸巾若干。

③ 粉底和修容用品摆放在清洁产品旁边，依次是粉底液、粉底膏、蜜粉、干湿粉扑。

图1-2

④ 各种化妆刷竖放于右下方便于拿放，左边中间可依次放眼影及腮红。所需化妆刷、眉笔、眼线笔等皆插于套刷袋中。

⑤ 工具及饰物摆于化妆刷旁边或上方，依次是假睫毛、睫毛夹、眉钳、刮眉刀、眉剪等。

3. 妆前面部清洁

（1）为顾客整理头发、围胸巾

请顾客入座，沿发际线将顾客头发用发卡夹好，露出双耳，以免因头发挡住脸的某些部位而影响化妆，同时也可避免化妆品弄脏头发。在顾客的胸前围一条胸巾，保护好顾客的衣领。

操作中易出现的问题：

发丝夹不严，碎发松动。

原因：发丝未向后梳顺，包裹时发卡未压住发丝。

（2）清洁皮肤

① 将卸妆液挤在卸妆棉片上（图1-3）。

② 用卸妆棉片由上至下、由内至外进行全脸快速卸妆，重点区域进行重复卸妆，如眼影处、鼻翼、眉毛和嘴部等（图1-4）。

③ 进行局部卸妆，特别是眼部上睫毛和眼线，将一块卸妆棉片横放在顾客面部下眼睑的睫毛根处，让顾客闭上眼睛，左手按住卸妆棉片，右手持卸妆棉棒蘸取卸妆液

图1-3

图1-4

（油），顺着上眼睫毛的生长方向，由睫毛根至睫毛尖进行清洗（图1-5）。分别对双眼进行上眼睫毛的清洗。

　　④ 取适量卸妆液，可将卸妆棉片打开反折，用卸妆棉片再次擦拭面部各部位清洁面部（图1-6）。最后带领顾客到洗脸盆旁边，用卸妆油或洗面奶清洗全脸，确保卸妆干净。

图1-5

图1-6

　　⑤ 检查面部是否清洁干净，进入化妆下一步准备工作（图1-7）。
　　⑥ 帮顾客戴好小围巾，安排好工位（图1-8）。

图1-7

图1-8

操作中易出现的问题：
① 卸妆液不慎进入眼睛。
原因：卸妆液取量过多，卸妆棉片未压紧下眼睑。
② 彩妆没有完全清洗干净。
原因：未按卸妆步骤进行操作，顺序不正确，清洁不仔细彻底。

四、技能操作

1. 学习者进行角色互换，模拟初见顾客情景，与顾客交流的语言和语速
2. 学习者互相进行面部卸妆技能操作练习

项目二 专业认知

素养目标

1. 具有对中国传统妆容文化的认同感；

2. 遵守国家有关部门关于化妆品的管理规定；

3. 具有良好的岗前劳动意识和服务精神；

4. 注意化妆品与化妆工具的安全使用和存放。

知识目标

1. 了解国家化妆品管理规定的基础知识；

2. 了解中外化妆史的基本概况和妆容特点；

3. 了解基本的中西方不同文化的审美差异；

4. 了解基本的面部美学与五官结构。

技能目标

1. 能掌握不同化妆品的基本定义；

2. 能掌握中外化妆史的妆容特点；

3. 能掌握不同化妆品和物料的使用方法；

4. 能掌握不同面部的五官结构特征。

任务一　认知美容化妆

一、任务描述

学习美容化妆基本知识，其中包括化妆的概念、中国妆容发展进程、化妆品发展史等。

二、任务分析

通过了解中国妆容和化妆品的发展，对化妆品基本概念的解析，以及国家有关部门关于化妆品的管理规定的学习，了解化妆品的基本定义。

三、任务相关知识

"化妆"一词最早来源于古希腊，意为"化妆师的技巧"或"装饰的技巧"。因此化妆是运用化妆品和工具，采取合乎规则的步骤和技巧，对人的面部、五官及其他部位进行渲染、描画、整理，增强立体印象，调整形色，掩饰缺陷，表现神采，从而达到美容目的。化妆能表现出女性独有的天然丽质，焕发风韵，增添魅力。成功的化妆能唤起女性心理和生理上的潜在活力，增强自信心，使人精神焕发，还有助于消除疲劳，延缓衰老。

1. 中国妆容发展进程

妆容，特指对于人体肉身的修饰，主要包含化妆与美容。对于中国妆容的历史，当然主要指女性妆容，可追溯到史前时代。

（1）滥觞

我国出土文物和典籍记载实物资料中，很难找到可借鉴的妆容，但是最早可追溯到史前时代的绘身、文身、穿耳等妆饰习俗。绘身（包括绘面）是用当时的天然矿物、植物或其他颜料，在人的身上或面部绘制各种有规律的图案，这在当时的陶器上也有所体现。文身则是由绘身发展演化而来，人们在长期的生活实践中发现通过刺文的方式得到的图案更宜保存，也因此掌握了文身的方法。

到了周代，妆容的发展可以说开辟了中国化妆史的新纪元，这一时期的眉妆、唇妆、面妆以及系统的妆品，如妆粉、面脂、唇脂、香泽、眉黛等，都可以在文献中找到明确的记载。周代的女性可分为北方的中原女性和南方的楚地女性。中原女性，情态重于容貌，风神重于妆容，基本是素颜朝天，追求清新自然的天趣之美。而楚地女性在日常生活中非常注重梳妆打扮，以"粉白黛黑"为主，格外华美动人（图1-9）。

图1-9

到了秦代，妆容以浓艳为美，"红妆翠眉"为典型代表。"红妆"是使用胭脂后的效果，早期的胭脂多用朱砂类的矿物质颜料；"翠眉"则是一种描成绿色的眉毛，主要原料有矿石"石青"和"铜黛"。秦代妆容中还有"花子"，是指粘贴或者画在脸上的面花，可以是单色，也可以是多色。

（2）成形

到了汉代，中国人的妆容审美规范基本成形。在黄老之学影响下，追求"简约朴素""大美气象"以及"端庄温婉"的人物气质，在"罢黜百家，独尊儒术"的经学规则下，崇尚克制化修饰，女子的妆容在整体上以追求薄妆为主，并注重内在的保养，将妆容与修身养性结合起来。汉代开始流行"八字眉""垂髻""面靥""巾帼"。

在中国古代妆容史上，魏晋南北朝是一个爆发的时代，不论男女均追求以漂亮的外在风貌来表达超凡的内在人格。主要妆容有白妆，即以白粉敷面，两颊不施胭脂，多见于宫女；晕红妆，即以胭脂、红粉涂染面颊，比较浓艳；紫妆，以紫色的粉拂面而成；半面妆，即只妆饰半边面颊，左右两颊颜色不一；仙蛾妆，一种眉心相连的眉妆；额黄，以黄色颜料染化于额间；斜红，为面颊两侧、鬓眉之间的一种妆饰，大多形如月牙，色泽鲜红；梅花妆，花钿的一种；还有碎妆，是一种将面靥画满脸或贴满脸的妆容。

（3）鼎盛

经过魏晋南北朝各路文化的交流和思想解放的积淀，到了大唐王朝，中国古代妆容迎来了全盛时期。唐代的妆容造型，最鲜明的特点是胡风浓郁，这和传统汉文化所推崇的"清水出芙蓉"式的淡雅审美有很大不同。

贞观时期，崇尚纤细的身形，妆饰相对保守、简单，尚未形成夸张浓烈的风格。当时的宫中妃嫔，多妆面浅淡，略施粉黛，朴素而清秀，梳着高髻，身穿大袖襦衫，束着裙腰极高的长裙，而其他女性，则多穿窄袖衫子和间裙，发型以各种鬟髻为主。武周时期，是女性形象极从容自信、丰满匀称、曲线优美的一段时间，同时着装风气也极为开放和暴露，首饰、妆饰也逐步走向华丽。横扫粗眉，胭脂腮红的面积从眉下一直扩大到脸侧，额上花钿的造型除了简单的扇面形，还晕染出各种花朵、卷草、卷云等复杂花样，两侧斜红不再只是一道红晕，也会绘成复杂的花样。到了开元年间，形成的"开元模式"往夸张和精致化发展，发型是当时最具符号性的改变，隆起的半圈鬓发越发蓬松，头顶小髻前移低垂，成为最流行的发型。妆面色调大体维持淡雅的风格，以白妆和浅淡的薄红胭脂为主，同时流行"桃花妆""飞霞妆"。最引人注目的是"红妆"，在面颊大面积涂抹浓重的胭脂，范围甚至从眉下一直蔓延到耳窝、脸角，全脸只剩下额头、鼻梁和下巴露白，相当夸张。值得一提的还有眉妆，当时的眉型大多比较浓阔，配合盛唐贵妇圆润的脸型才显得比较饱满。到了中唐，发型、妆面开始往更加夸张化发展，怪异的妆容层出不穷，如"险妆""伤妆"，包括八字啼眉、乌膏注唇、面涂赭色、血晕横道等（图1-10）。

图1-10

（4）转型

自宋代开始，妆容由前朝的浓艳招摇走向文静素朴，开始流行缠足，汉族女性开始穿耳。宋代整体的妆面回归淡雅精致，称为"薄妆""淡妆"或"素妆"。弯弯细眉、淡淡胭脂、点注樱唇，这基本就是北宋中后期女性的典型妆面。宋女施朱粉大多是施以浅朱，只透微红。眉妆总体风格是纤细秀丽、端庄典雅，蛾眉占据主流。梅花形花钿依旧流行，除梅钿之外，曾流行于唐代的翠钿在宋代也很盛行。宋时的女子还喜爱用脂粉描绘面靥。北宋中后期的发型最具特色的就是顶髻和额发。宋代是"崇文"的时代，审美趋雅致。南宋女性偏好淡雅的面妆，妆容越发白净素雅，很难找到胭脂的痕迹，在额头、鼻梁、下巴等处还会特别提亮。唇色浅淡，似乎只淡淡涂抹一些无色口脂，眉形也多纤细。见图1-11。此外，南宋还有一种特别的"泪妆"，这种面妆以白妆为基础，妆粉施涂较薄，但在眼角点抹白粉，状如泪水充盈欲滴，有种哀愁之美。南宋女性发型进一步往紧、小发展，额发、鬓发几乎全部收拢服帖，在脑后梳成一个小髻，髻上一般戴一个小巧的冠子。元代的汉族女性在妆容修饰上并无多少突破，基本是承袭南宋的素妆风格，妆容多素雅、浅淡。

（5）融合

中国文化发展到明代，女子在妆扮上的特点就是审美重点从发髻转移到首饰，而妆面则与头饰的繁缛形成巨大的反差，极尽简化，以端庄典雅、轻描淡写为主流。主要体现在额头、鼻梁、下巴施以白粉，自眉下至面颊浅涂胭脂。唇形依然以小为美，或仅涂下唇，或比原唇略小。见图1-12。到了清代，清初的满族女子追求的是健康开阔的美，妆容极其清淡，几乎是素面朝天，而到清末，传统与创新相辅相成，清末女子的妆容甚至呈现出些许西式风格，中国传统的化妆法逐渐被淘汰，西洋的化妆术开始流行。

图1-11

2.化妆品的发展历史

国务院于2020年1月3日第77次常务会议通过的《化妆品监督管理条例》（于2021年1月1日起施行）明确指出化妆品是指以涂擦、喷洒或者其他类似方法，施用于皮肤、毛发、指甲、口唇等人体表面，以清洁、保护、美化、修饰为目的的日用化学工业产品。化妆品分为特殊化妆品和普通化妆品。广义上来说是指各种化妆的物品。狭义的化妆品则根据各国的习惯与定义方法不同而略有差别。

而化妆品的发展历史，大约可分为下列四个阶段。

图1-12

（1）古代化妆品时代

图1-13

原始社会，一些部落在举行祭祀活动时，会把动物油脂涂抹在皮肤上，使自己的肤色看起来健康而有光泽，这算是最早的护肤行为了。由此可见，化妆品的历史几乎可以推算到自人类的存在开始。在公元前5世纪～公元7世纪期间，各国有不少关于制作和使用化妆品的传说和记载，如古埃及人用黏土卷曲头发，古埃及皇后用铜绿描画眼圈（图1-13），用驴乳浴身，古希腊美人亚斯巴齐用鱼胶掩盖皱纹等，还出现了许多化妆用具。中国古代也喜好用胭脂抹腮，用头油滋润头发，衬托容颜的美丽和魅力。

（2）矿物油时代

20世纪70年代，日本多家名牌化妆品企业，被18位因使用其化妆品而罹患严重黑皮症的妇女联名控告，此事件既轰动了国际美容界，也推进了护肤品的重大革命。早期护肤类化妆品起源于化学工业，那个时候从植物中天然提炼还很难，而石化合成工业很发达。截至目前仍然有很多牌子在用那个时代的原料，价格低廉，原料相对简单，成本低。所以矿物油时代也就是日用化学品时代。

（3）天然成分时代

从20世纪80年代开始，皮肤专家发现：在护肤品中添加各种天然原料，对肌肤有一定的滋润作用。这个时候大规模的天然萃取分离工业已经成熟，此后，市场上护肤品成分中慢慢能够找到天然成分，从陆地到海洋，从植物到动物，各种天然成分应有尽有。当然此时的天然成分有很多是噱头，可能大部分底料还是沿用矿物油时代的成分，只是偶尔添加些天然成分，因为这里面的成分混合、防腐等仍然有很多难题未攻克。有的公司已经能完全抛弃原来的工业流水线，生产纯天然的东西了，慢慢形成一些顶级的很专注的牌子。

（4）零负担时代

2010年前，过于追求植物、天然护肤，又要满足特殊肌肤的要求，护肤品中各种各样的添加剂越来越多，所以，导致很多护肤产品实际并不一定天然。很多产品由于使用天然成分、矿物成分较多，给肌肤造成了不必要的损伤，甚至过敏，这给护肤行业敲响了警钟，追寻零负担成为护肤发展史中最实质性的变革。2010年后，零负担产品开始诞生，"零负担"产品的主要特点在于，减少了很多无用成分与护肤成分，例如使用玻尿酸、胶原蛋白等，直接用于肌肤吸收，产品性能极其温和，哪怕再脆弱的肌肤只要使用妥当，一般也没有问题。

知识拓展

中国古代的化妆品

中国古代的化妆品主要有妆粉、黛粉、胭脂、额黄、花钿几大类。

① 妆粉在战国时期就开始使用，其成分有两种，一种是常见的大米磨成的米粉，另一种是铅粉。后世最为流行的是以白铅为主要成分制成的面脂，因为主要成分为铅，有一定的美白作用，成语"洗净铅华"说的就是把脸上的铅粉洗掉。另外也有用粟米为主材加以香料而成的香粉，因粟米有一定黏性和固妆作用，也在古代颇为流行。

② 黛粉是古代最常用的画眉用品，"黛"是一种藏青色矿物，画眉前先研磨成粉状，用水调和，再进行描画，类似于现在的眉粉。

③ 胭脂在古代早期可以指腮红，更多的是指口红，其中的"脂"就是指红色颜料中加入牛髓等脂肪，后世因配方不同而分别称为"口脂"和"面脂"，即口红和腮红。

④ 额黄仅仅流行于南北朝至唐宋，指用一种称为"鸦黄"的涂料将女子的额头涂成黄色，可以理解为早期的彩妆。

⑤ 花钿是贴在眉间或脸上的小装饰，以红色最多，也有绿、黄等色，《木兰辞》中"对镜帖花黄"讲的就是贴花钿，富足之家会以金、银为材料制成花钿，更为华丽，花钿可以说是中国传统文化中最为特殊的一种化妆品。

四、技能操作

1. 了解国务院发布的《化妆品监督管理条例》的具体内容
2. 查阅资料了解一下《齐民要术》《天工开物》记载的古代妆粉制作方法

任务二 认知化妆品与化妆工具

一、任务描述

全面掌握化妆品的分类及其特点和使用方法，以及化妆工具的分类和使用及其清洗和保养。

二、任务分析

通过按使用人群、使用目的和使用部位等方式来对化妆品进行分类，引导学习者了解每种不同分类下化妆品的特点和使用方法、要点，全面掌握化妆品的类型并能合理运用。

通过对化妆必备工具和辅助工具的分类解析，让学习者对化妆工具有相对全面的认识，同时，能够掌握在不同情景下选择合适的化妆工具的技能，并学习掌握化妆工具清洗与保养的技能。

三、任务相关知识

1. 化妆品的分类

化妆品按照使用人群的不同可分为：日化线化妆产品和专业线化妆产品。

按照使用目的不同可分为三类，即护肤类的化妆品（爽肤水、乳液、面膜等）、彩妆类的化妆品、特殊用途类的化妆品（染发剂、生发剂、祛斑产品等）。

（1）卸妆类化妆品

① 眼部卸妆品：使用专业的眼部卸妆产品对眼影、眼线、睫毛膏、眉毛等卸除。

② 面部卸妆品：使用卸妆油对全脸的化妆进行溶解、卸除。

（2）爽肤类化妆品

使用化妆水平衡面部的酸碱度，收敛毛孔，补充皮肤水分和营养。

主要从两个方面去选择：皮肤性质和年龄。

① 根据皮肤性质选用。皮肤性质的判断方法如下。

方法1：早晨起床后，先不洗脸，用三张吸水性强的白色纸巾，分别在前额、鼻翼两侧及面颊反复擦拭。如三张纸巾上均有油迹，且油光光，说明是油性皮肤；如纸巾几乎被油浸透，甚至有透明感，说明皮脂分泌过多，是超油性皮肤；若前额、鼻翼两侧油光，而面颊无油痕，为混合性皮肤；如果三张纸巾均干燥无油迹，即干性皮肤；介于干性皮肤和油性皮肤之间的则是中性皮肤。

方法2：冬天早晨起床后，用冷水洗脸，20分钟之内紧绷感消失的为油性皮肤；20～40分钟内紧绷感消失的为中性皮肤；40分钟后紧绷感才消失的为干性皮肤。

皮肤性质不同，化妆品的选用也不同。

A. 油性皮肤

特点：皮肤出油多，毛孔粗大，易生粉刺。这类皮肤以年轻人居多。

化妆品选用：含水分较多、油脂较少的水包油型化妆品，如雪花膏、蜜类化妆品等。

使用方法：早上，洗脸要仔细，保持面部洁净，用收敛性化妆水调整皮肤；晚上除洗脸外，以按摩的方法去掉附着在毛孔中的污垢，以化妆水调节皮肤，以营养蜜涂擦，保养皮肤。

B. 超油性皮肤

特点：皮脂分泌多，且易污染、长粉刺，保养不当会导致粉刺恶化。

化妆品选用：含水分较多、油脂较少的水包油型化妆品，如蜜类化妆品、专治粉刺的霜剂等。

使用方法：早上，洗脸要仔细，保持面部洁净，用粉刺化妆水调整皮肤；晚上除洗脸外，以按摩的方法去掉附着在毛孔中的污垢，以治粉刺的霜剂涂擦，保养皮肤（特别注意：平时要注意洗脸，以防皮肤受污染）。

C. 中性皮肤

特点：皮肤红润、光滑、不粗不黏，易随季节变化，天冷偏向变干性皮肤，天热则变为油性皮肤。

化妆品选用：可根据年龄、季节等具体情况选用雪花膏、霜类或蜜类化妆品。

使用方法：早上，洁面后用营养性化妆水调整皮肤，再选用适当的化妆品涂擦（冷天，可选用水包油型的冷霜或油包水型的雪花膏；热天，可选用水包油型的雪花膏）；晚上，洗脸后，以按摩的方法去掉附着在毛孔中的污垢，再用营养性或柔软性化妆水调节皮肤，最后用杏仁蜜、柠檬蜜等滋润皮肤。

D. 干性皮肤

特点：皮肤缺少光泽，手感粗糙，常年无柔软感，天冷时更甚，长期不加护理会产生皱纹。

化妆品选用：油包水型雪花膏、冷霜、蜜类化妆品。

使用方法：早上，洗脸后，用柔软性化妆水调整皮肤，再用冷霜或乳液滋润皮肤；晚上，洗脸后，以按摩的方法除去附着在毛孔中的污垢，促进血液循环，增进皮肤的生理活动，再用营养性化妆水调整皮肤，最后用霜类或油性的乳剂涂擦皮肤。

E. 超干性皮肤

特点：皮脂分泌甚少，没有弹性，易生皱纹。

化妆品选用：油包水型冷霜或含油分多的营养性膏霜类化妆品。

使用方法：早上，洗脸后，用柔软性化妆水调整皮肤，再用冷霜或营养性膏霜类化妆品滋润皮肤；中午及晚上，洗脸后，以按摩的方法除去附着在毛孔中的污垢，促进血液循环，增进皮肤的生理活动，再用柔软性或营养性化妆水调整皮肤，最后用霜类化妆品涂擦皮肤。

② 根据年龄选用

A. 儿童

皮肤特点：结构、功能发育不全，较成年人皮肤薄，表皮毛孔较成年人细小，对来自外界环境的刺激抵抗能力不强，容易过敏。

化妆品选用：儿童专用化妆品，如儿童霜、宝贝霜、儿童防晒霜（不含任何刺激成分，香精含量低）。

B. 25 岁及以下青年

皮肤特点：皮肤润滑细腻有光泽，丰满而富有弹性。

化妆品选用：一般润肤膏霜（根据皮肤性质选用）。

C. 25 岁以上的人

皮肤特点：皮肤开始老化。特别是 46 岁以上中老年人，皮肤老化逐渐明显，皮脂腺和汗腺逐渐萎缩，其分泌物减少，皮肤保持水分的功能下降；表皮角质层干燥、易皲裂；有的部分角质层增生、变厚，产生皮屑而脱落。

化妆品选用：皮肤需要营养成分，如花粉、蜂王浆、珍珠等组成的化妆品。另外，中老年人皮肤中胆固醇量，半胱氨酸、蛋氨酸中有机硫含量减少，可选用加入胆固醇成分的化妆品，如含羊毛脂的膏霜等。

（3）彩妆类化妆品

① 面部产品

A. 粉底类产品（图 1-14）

粉底液：优点是质地较薄、透气，缺点为遮盖力较弱。适合夏季、油性皮肤及较好的皮肤使用，用于日常生活妆面。

粉底霜：优点是遮盖力较强，缺点为质地相对较厚。适合秋冬季、干性皮肤及面部有瑕疵的皮肤使用。

粉底膏：粉底类产品中质地最厚的一种。优点是遮盖力强，可遮盖面部较多的瑕疵。缺点为不透气，上妆效果比较明显。适合拍摄上镜妆面使用。

BB 霜：优点是介于粉底液和粉底膏之间的一种产品，比粉底液遮盖力强，比粉底膏透气，容易上妆。缺点为针对面部局部瑕疵的遮盖强度不够。适合一年四季、各种类型的皮肤使用，一般用于日常生活妆容。多功能性产品，集粉底、隔离、遮瑕、护肤等功能于一体。

图1-14

B. 蜜粉类产品

作用：去除油脂，长效定妆，保持妆容一整天的完美靓丽。

珠光散粉：适合时尚妆容，脸型过大的不宜选用闪亮的蜜粉。

亚光散粉：适合淡妆、妆面素雅的妆容。

C. 遮瑕类产品（图 1-15）

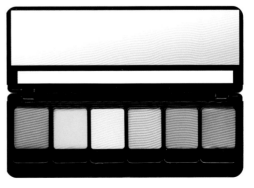

图1-15

作用：遮盖面部细小的瑕疵，适合局部使用。

遮瑕液：含水分较多，遮盖效果比较自然，适合淡妆使用。

遮瑕膏：质地较厚，上妆明显，遮盖力较强，适合浓妆使用。

D. 粉饼类产品（图1-16）

作用：用于补妆。

干湿两用粉饼：适合脱妆比较严重的顾客，有一定的遮盖力；简易的妆面可以用粉饼代替粉底液。

干粉饼：适合脱妆不是很明显的顾客，上妆效果比较自然。

湿粉饼：妆容效果持久，效果类似粉底液。

珠光粉饼：可提升面部的光泽度。

E. 腮红类产品（图1-17）

作用：使面色红润健康，还可适当地修饰脸型。

干性腮红：适合定妆后使用，上色易均匀，容易涂抹，卸妆方便。

腮红膏：优点是适合上粉底后使用，上妆效果非常自然，妆容生动；缺点是涂抹不方便，卸妆麻烦。

② 眼部产品

A. 眼影类产品（图1-18）

作用：增加妆面色彩气氛，呼应妆面的整体效果，适当的情况下还能修饰眼型。

眼影粉：优点是质地薄，上色效果比较素雅；缺点是上色效果慢，容易脱妆。

眼影膏：现在比较流行的眼部化妆品，色彩种类没有粉妆丰富，但涂后给人以有光泽、滋润的感觉。

矿物粉眼影（图1-19）：颗粒较粗的粉状眼影，上色快，但上妆需一次少量逐步递增，否则上色后不容易晕开。

B. 眼线类产品

作用：增加眼部神采，修饰眼型，呼应

图1-16

图1-17

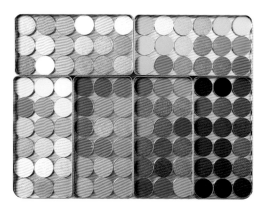

图1-18

图1-19

妆面的整体效果。

　　眼线笔（图1-20）：优点是使用简单，卸妆方便，适合不常用眼线笔的顾客；缺点是易脱妆，造成上下眼部晕染。

　　眼线液（图1-21）：优点是上妆效果非常明显，适合对化妆有一定经验的顾客；缺点是卸妆比较麻烦。

图1-20　　　　　　　　　　　　　　　　图1-21

　　眼线膏（图1-22）：易上色，且色泽持久，容易晕染，适合喜爱烟熏妆的顾客。

C. 睫毛膏类产品（图1-23）

图1-22　　　　　　　　　　　　　　　　图1-23

　　防水型：遇水不易脱妆。

　　卷翘型：让睫毛自然卷翘，快速达到增大眼睛的效果。

　　拉长型：富含丰富的纤维，让睫毛在原有长度的基础上自然拉长。

　　滋养型：修复及滋养睫毛，帮助改善毛鳞片受损的睫毛。

　　浓密型：可以在一定情况下丰富睫毛的密度，不结块，不掉渣。

D. 眉笔类产品

作用：调整眉形。

　　眉笔（图1-24）：质地软硬均有，可描画出逼真的效果。

　　眉粉（图1-25）：使眉毛的线条、质感比较自然而不僵硬。

图1-24

图1-25

③ 唇部产品。唇部产品主要有唇彩、唇泥、唇蜜、唇膏等。

唇彩（图1-26）：质地较薄，上妆效果较自然，适合唇色较浅的时尚顾客。

唇泥（图1-27）：半固体的泥状，视觉上比唇膏更干，但延展性更好。唇泥上唇后呈现亚光雾面妆效，有较好的遮瑕力，可有效遮盖唇纹，持久性和显色度都非常不错。

图1-26

图1-27

唇蜜（图 1-28）：主要含唇部修复成分，除了可适当改变唇色还能滋润唇部，使唇部肤质更加健康。

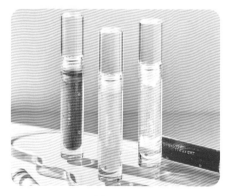

图1-28

唇膏（图 1-29）：质地较厚，不易脱妆。

唇线笔（图 1-30）：勾画唇部轮廓，强调唇部的立体感。

图1-29

图1-30

2. 化妆品选择的基本要求和保养

（1）基本要求

① 对皮肤没有刺激性和毒性。

② 没有异常的气味。

③ 稳定性能好，一般要求能存放三年。

④ 具有良好的感触性能。

⑤ 外观、黏度、色泽和使用效果等都必须符合特定的要求。

由于微生物的广泛存在，化妆品很容易受其污染。化妆品受微生物污染有两种情况。

一次污染：生产、储存、运输及销售过程中对化妆品造成的污染。

二次污染：消费者在使用中，由于取用前手未洗净，用后未及时盖严、保存不当或使用时间过长等原因使化妆品受到微生物污染。

（2）保养方法

① 化妆品应随用随买，不宜长期保存。

② 存放化妆品时，要将其置于阴凉、干燥、避光、防冻的清洁位置。

③ 最佳存放温度在 10 ～ 25℃，暂时不用的化妆品不要启封，防止污染。

④ 日常取用时，应用干净的取物棒蘸取涂于掌心，多余的部分不要再放回容器中。必须用手取时，必须把手洗净，晾干后再取。

⑤ 使用后应及时把盖子盖紧，防止水分蒸发使化妆品干涸变质，或微生物入侵发生霉变。

⑥ 使用过的化妆品不宜长期存放，无论保质期有多长都应尽快用掉，最长不超过 6 个月。

3. 化妆工具的认识和选择

（1）化妆必备工具

化妆海绵（图1-31）：多形状的海绵块，蘸取粉底后直接涂抹于面部，海绵块可触及各个面部角落，使妆面均匀柔和，是涂抹化妆品的最佳工具。

散粉扑（图1-32）：丝绒或棉布材料，粉扑上有个手指环，便于抓牢不易脱落，可防手汗直接接触面部，蘸取散粉后可直接扑于面部，使肤质不油腻反光，均匀柔和。

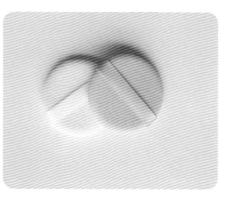

图1-31　　　　　　　　　　　　　　　图1-32

斜角刷（图1-33）：刷头毛排列为一斜角形，可轻易地随颧骨曲线滑动，用于勾勒面部轮廓。

图1-33

粉底刷（图1-34）：毛质柔软细滑，附着力好，能均匀地吸取粉底涂于面部，功能相当于湿粉扑，是涂抹粉底的最佳工具。

图1-34

蜜粉刷［图1-35（2）、图1-35（3）］：化妆扫系列中扫形较大，圆形扫头，刷毛较长且蓬松，便于轻柔地、均匀地涂抹蜜粉。

胭脂刷［图 1-35（4）］：比蜜粉刷略小，有圆形及扁形扫头，刷毛长短适中，可以轻松地涂抹胭脂。

扇形刷［图 1-35（1）］：刷头毛排列为扇形，主要用于扫除面部化妆时多余的脂粉和眼影粉。

遮瑕刷［图 1-35（15）］：扫头细小，扁平且略硬，蘸取少许遮瑕膏后涂盖面部的斑点、暗疮印等不美观的小区域。

眼影刷［图 1-35（5）～图 1-35（12）］：扫头小，圆形或扁形，便于眼睑部位的化妆。分大、中、小三个型号，大号用于定妆和调和眼影，中号用于涂抹颜色，小号用于涂抹眼线部位。

眼影海绵棒［图 1-35（16）］：扫头为三角形海绵，便于把眼影粉涂抹在眼部细小的皱纹里，使眼影对皮肤的黏合更加服帖。

眼线刷［图 1-35（13）］：扫头细长，毛质坚实，蘸取适量的眼线膏、眼线粉涂抹在眼睫毛根部，描画出满意的眼线。

两用刷［图 1-35（17）］：刷头分两边，一边刷毛硬而密，一边为单排梳，可梳理眉毛的同时也可梳理睫毛，使黏合的睫毛便于清晰地分开。

眉刷［图 1-35（14）］：扫头为斜角形状，毛质细，软硬适中，扫少许的眉粉于眉毛上，自然真实。

螺旋刷［图 1-35（18）］：刷头呈螺旋形状，用于蘸取睫毛膏涂擦于睫毛上，一般也可梳理睫毛。

唇刷［图 1-35（10）］：扫毛密实，扫头细小扁平，便于描画唇线和唇角。主要用来涂抹唇膏或唇彩，也可用于调试搭配唇膏的颜色。

图1-35

修眉剪：迷你型剪刀，刀头部尖端微微上翘，便于修剪多余的眉毛。修眉剪也可裁剪美目贴。

修眉刀：刀头为刀片，非常锋利，便于剃掉多余的眉毛，要慎用。

睫毛夹（图1-36）：睫毛放于夹子的中间，手指在睫毛夹上来回压夹，使睫毛卷翘，增强轮廓立体感。夹上加有橡胶垫，可防止使用时睫毛断裂。

唇线刷（图1-37）：扫头细长，方便描画唇部轮廓线条。

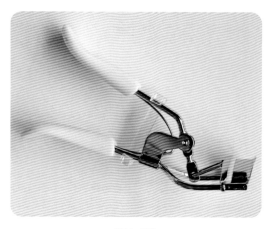

图1-36

图1-37

（2）化妆辅助工具

镊子（图1-38）：头部两面扁平，便于夹取物体，主要用于夹取修剪后的美目贴，方便贴于眼部。

化妆笔削刀：笔刨，适合削眉笔、眼线笔、唇线笔等时使用。

美目贴：透明或磨砂不透明的胶布，可用修剪刀剪出理想的半弯形胶布贴，直接粘贴于眼皮叠线位置，贴出美丽双目（图1-39）。

图1-38

假睫毛（图1-40）：能令眼睛瞬间变大变美，使妆容更传神，更具魅力，在T台化妆、影视化妆、生活时尚妆容中，假睫毛是使面部生动、充满吸引力的重要内容。假睫

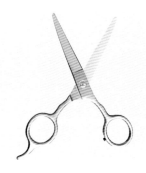

图1-39

毛的种类繁多，单从材质来分就有纤维睫毛、真人发睫毛、动物毛睫毛、羽毛睫毛等。

睫毛胶：粘贴假睫毛之用。使用方法是将睫毛胶刷于假睫毛根部，待胶水半干的时候将假睫毛固定于睫毛根部。

酒精：用于妆前消毒。

棉棒：取用化妆品或修补妆面的辅助用品。

化妆棉：卸妆或者上化妆水时的辅助用品。

面巾纸：清洁面部时的辅助用品。

刘海贴：化妆或洗脸时使用，使头发不易散乱，使用方便。

图1-40

鸭嘴夹：化妆或造型时固定头发用。

（3）化妆品、化妆工具的清洁与保养

化妆工作结束后的清洁、整理与收纳，是一个职业化妆师的必备素养。每一种化妆品都会在使用的过程中被一定程度地弄脏，正确的清洁方法，是保证化妆用品的使用时效、卫生状态的必要手段，同时也是下一次上妆时色彩与效果的必要保障，因此，在化完妆后，化妆师必须规范清洁化妆用品及工具。

① 化妆品的清洁。可以使用化妆品清洁喷雾，适用于粉末或膏状眼影、腮红、遮瑕膏等彩妆的清洁。化妆品清洁喷雾属于稀释的酒精，具有安全杀菌的作用，同时，可以使出现裂纹、干燥的化妆品保持湿度。清洁方法为：在距离化妆品15厘米左右的位置均匀喷洒喷雾，然后短暂静置。在使用化妆品清洁喷雾的时候，由于喷雾的使用时效比较短，要注意过期日期。口红、唇彩、睫毛膏、眼线笔、眉笔等彩妆，容易滋生细菌，可选用无纺布湿巾进行清洁。清洁方法是：在使用以上彩妆后，用一次性湿巾将其表面污损部分擦拭干净。

② 刷具的清洗。大部分的刷子都是用动物毛制造的，所以可以用洗头发的方式来清洗刷具。首先把洗发水以3∶7的比例和水调和，把刷子以顺时针的方向在水盆里搅动一两圈，稍微压一压后，再用干净的水顺着刷子冲洗干净，用适量护发素加水浸泡两分钟，顺一顺毛后在通风处晾干。

③ 粉扑的清洗。首先，我们最好长期准备两个粉扑以便替换，清洗时可用中性洗涤剂，将粉扑打湿后适当轻轻搓揉挤压，为了保持粉扑上毛茸茸的状态，将粉扑上的化妆品洗净后，不要用手拧，最好用毛巾卷住挤干水分，再在阴凉处晾干即可。如果粉扑晾干后变得较硬，可以用手轻轻搓揉一下让它回软。同时，注意尽量将粉扑独立收纳，以保证其清洁状态。虽然粉扑可以通过洗涤反复使用，但时间过长也会滋生细菌，最好做到勤于更换。

④ 海绵的清洗。在使用化妆海绵时可以把它分为几个不同的区域，每次使用一个相对干净的区域，使用后要用中性洗涤剂搓揉洗涤，尽量将进入海绵内部的化妆品清洗出来，并放到通风处自然风干。如果经常清洗后与皮肤的触感变差了，边缘呈破碎状态时，

就应当换新海绵了。

⑤ 睫毛夹的清洗。弄脏睫毛夹的最大原因是化妆程序的不当，如先涂睫毛膏之后再夹睫毛，就会造成污损睫毛夹的后果，化妆师最好避免养成这个习惯。睫毛夹上容易污损的部分主要在和睫毛接触的两块橡皮处，通常不建议用清水清洗，一般在使用后用卫生纸可以擦干净。常见的睫毛夹上的橡皮部分是可以更换的，如果污损至无法清洁，或者橡胶垫使用过久后老化，可以再买一对橡皮垫进行替换。

⑥ 修眉工具的清洁。修眉工具因为带有刀片，且近距离接触肌肤，因此在每次使用完毕后，应用酒精擦拭消毒，以免下次使用时接触到肌肤，或者误伤肌肤时造成感染。

⑦ 唇刷的清洁。唇刷的毛相对较少，不正确的洗涤方法会让唇刷上的毛过多地脱落；正确的清洁方式是在使用之后先用纸巾将唇刷上多余的唇膏擦拭干净，然后取少量洁面乳挤于掌心，将唇刷放在掌心轻轻转动，以洗去大部分唇膏，再用纸巾擦拭，最后用温水轻轻冲洗后，使用纸巾吸干一部分水，自然晾干即可。

（4）化妆品、化妆工具的收纳

化妆结束后，要将化妆品与化妆工具按种类与形状、保养要点等因素分类收纳。一般的化妆箱是多层组合的，可分为二层、三层、四层不等，可按以下方法来进行归整。

第一层，可放眉笔、眼线笔、唇线笔等笔之类的化妆工具，为了保持化妆刷的毛不被折损，成套的化妆刷最好装入化妆刷收纳包或硬质的化妆刷收纳盒中，再放入化妆箱。

第二层，可放各式眼影和口红。

第三层，可将蜜粉、粉底液、粉底霜等归为一类。

第四层，可以放化妆时所需要粘贴的各类装饰品：假睫毛、假水晶等。

化妆结束后，要及时地归整或擦拭物品，要养成定期整理化妆箱的好习惯，这样有利于避免化妆品的交叉感染。

四、任务实施

① 按照使用目的将化妆品分类。

② 按照皮肤的性质判断相对应的化妆品并正确使用。

③ 按照不同年龄的皮肤特点选择化妆品并正确使用。

④ 将面部、眼部、唇部化妆产品分类并按相应的需求正确使用。

⑤ 按照化妆品选择基本要素选择化妆品，并正确使用与存放。

⑥ 按照类别、特点和用途正确地使用化妆工具。

⑦ 按照类别和相关特点正确清洗和保养化妆工具。

五、技能操作

1. 干性皮肤应选用什么类型的化妆品

2. 请说出唇彩和唇膏的区别

3. 请说出扇形刷的外形特点及用途

4. 请说出正确清洗刷具的方法

任务三 认知化妆美学基础

一、任务描述

学习美学基础、头与面部构造的美学关系等理论知识。

二、任务分析

通过对化妆相关美学知识的理论学习，了解审美形成的原因与要素、中西方和古今审美的异同，能够将这些美学知识运用到化妆技能之中。

通过对头部与面部的骨骼、肌肉、组织的学习，了解头部结构中影响外观的主要部分的构造及其美学特征，并能运用到化妆技能中去。

三、任务相关知识

1. 美学基础

优秀的化妆技巧离不开审美，审美是综合了如文化、历史、情感、主观和客观等因素的人类用于理解世界的一种形式。美是能够使人感到心情愉悦的外部事物，事物天然存在的让人愉悦与和谐的属性是自然之美，通过加工天然存在的事物，让它得到升华，修饰缺点，突出优点，是人工之美。总的来说，审美是一种较为主观的心理活动过程，人通过自身对外部事物的需求做出的对该事物的判断，其具有较大的偶然性，但在一定的环境与社会属性的背景下，它也具有一定的必然性。不同的国家和地区由于基因、传统民俗和文化积淀的影响，对美丑的判断各有差异，而对同一个相对区域来说，社会达成共识的审美观念往往是接近的。

就面部审美而言，中国古代以肖似鹅蛋的脸型（鹅子脸）或者"地阁方圆"（满月脸）、饱满的额头（蠂首）来作为评判美女的标准，下颌尖、骨骼明显的女性被认为是不美丽的。古代西方虽然更欣赏突出的五官轮廓，但圆润饱满的脸庞依然是最受欢迎的，这跟古代食物短缺，只有上层社会才能拥有富足的体态有一定的关系。从比例而言，古希腊文化体系强调黄金分割比例，元代画家王绎在《写像秘诀·写真古诀》中首次提出"三庭五眼"的概念，从数学结果来看，是非常接近的一个比例值，最终成为现代社会通行的完美脸型比例标准。就脸型而言，人类的审美标准在历史上大概经历了一个从 O 型过渡到 U 型再到 V 型的过程，现代社会基本上解决了温饱问题，因此健康而富有轮廓的身体外形更受欢迎，对面部的审美就越来越趋于追求明朗的轮廓感和骨感。

就具体的五官来讲，中国古代以单眼皮为美女的标配，大而圆的杏眼、细长的丹凤眼都是很受欢迎的眼型，直到近代，由于民族融合的过程中双眼皮出现的频率慢慢增多，再加上文化理解上的变化，才有了现代以双眼皮为美的审美标准。同时，东方古典文化中强调清淡高远的文化底蕴，决定了认为眉眼之间要疏离清淡才为美的标准，也就是说眉和眼的距离要远，而眼睛不一定要大，有神韵最为重要。而近代审美才开始认为较为深的眼窝更有轮廓美，同时，拉近的眉眼距也成为一种美的标准。

一般认为高鼻梁独属于西方的审美观。其实不然，从中国古代的审美观来看，高鼻梁有一种富贵之气，形容美女"鼻若琼瑶"，就是指鼻子高而直，且在古代流传下来的仕女图中，女子的鼻子和下颌往往要涂上白色的高光，也就是为了让鼻子看起来更高、更立体。

在嘴巴的审美方面，东西方差异是较大的，古代东方强调嘴小而红，白居易的诗歌"口动樱桃破，鬟低翡翠垂"是对古代女子樱桃小口的经典形容，最流行的妆容是"檀口妆"（"咬唇妆"），而西方却认为丰润饱满的嘴唇最美。比较相通的一点是东西方都认为红唇为美，这也是当代化妆技术中以口红为重要化妆品之一的原因。现代审美比较多元而自由，在唇型的选择上不拘泥于大或小，丰唇还是薄唇，通常可以根据整体造型的美学效果来进行取舍，使美的形式更加丰富。

总的来讲，对于化妆师而言，当下可以在对传统与现代、东方与西方不同审美标准的理解之上，根据造型对象的自身结构特点、妆容出现的环境与用途、整体造型的风格来决定妆容的美学倾向，从而打造出最合适的妆容。

2. 头与面部构造的美学关系

（1）头部的骨骼

人体的骨骼结构是人体外形的基础，头部骨骼更决定了一个人的容貌构架。我们的头颅一共包括23块骨头，其中任何一块的大小都会对脸的外形造成直接的影响，因此，学习化妆技术的第一步就是要了解头部，尤其是面部主要骨骼和肌肉的结构及其在化妆美学上的意义。

人的颅骨按位置来区分，可以分为脑部颅骨和面部颅骨，其中脑部有8块骨头，面部有15块。而影响人的外貌特征的主要就是这15块面部颅骨，其中包含对称分布的下鼻甲、上颌骨、腭骨（隐藏于上颌骨的后方）、鼻骨、颧骨和泪骨各两块，不对称分布的舌骨（隐藏在骨骼内部）、下颌骨以及犁骨各一块，其位置如图1-41所示。

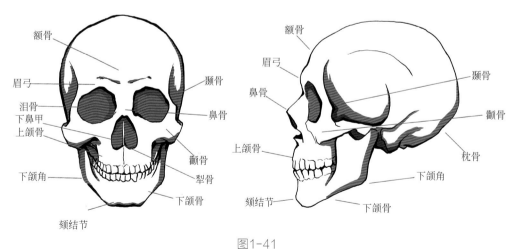

图1-41

① 颧骨的美学特征：颧骨是处于面部中央的重要骨骼，它上连额骨，下接上颌骨，其侧面细而窄的弓形结构称为颧桥，下面连接口部相关肌肉。由于颧骨所占位置以及关

联结构的重要性，因此颧骨的形态决定了面部三分之一的形态。过于宽大或突出的颧骨，会让人显得粗犷刻薄，缺少温柔感。

②下颌骨的美学特征：下颌骨位于面颅下面，呈马蹄形，对脸型的影响尤其巨大，很多时候决定了人的面部的基本轮廓。下颌角与下颌底的弧度决定了人的脸型，下颌骨的长短也决定了人的面部显得长还是宽，下颌骨过小会导致整个脸下部显得过短，使下颌与脖子之间的边界过于模糊。

③鼻骨的美学特征：鼻骨处于面部最中心区域，是面部中最突出的骨骼，是影响人的侧面轮廓最重要的骨骼，鼻骨和鼻软骨交接形成的角度决定了鼻子的主要曲线，鼻尖与鼻底的距离决定了鼻子的挺拔程度。鼻尖软骨的幅度和鼻侧翼曲线的幅度决定了鼻子的外形粗大还是秀美。因此，在化妆时主要是针对这几个特征进行处理。

④眉弓的美学特征：眉弓处于眼眶的上缘，主要影响眼眶的深度和眉毛的走势。欧美人通常眉弓更为突出，眼眶凹陷，显得眼部更有立体感，而亚洲人通常眉弓较矮，眼眶较平，有淡雅的美感。

（2）面部的肌肉

面部肌肉是附着在骨骼之上皮肤之下的肌肉组织，它的脂肪组织丰满与否、锻炼强弱程度，以及长期的表情动作造成的肌肉形状变化，也都直接影响人的面部外形。例如，相对肥胖的人面部会显得圆润，而较少显露出面部骨骼；而相对瘦的人，面部骨骼轮廓更为明显；长期咀嚼东西的人咬肌会比较突出；喜欢皱眉思考的人眉间肌会出现明显的沟壑。

3. 化妆中常见的面部组织结构

（1）眉

由眉头、眉腰、眉峰、眉梢构成。

（2）眼

眼睛的结构比较复杂，由上睫毛线、内眼角、外眼角、上眼睑沟、下眼睑沟、下睫毛线、双重睑、瞳孔构成（图1-42）。

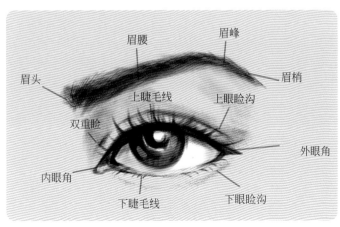

图1-42

（3）唇

嘴唇由唇峰、上唇、下唇、嘴角、口缝构成（图 1-43）。

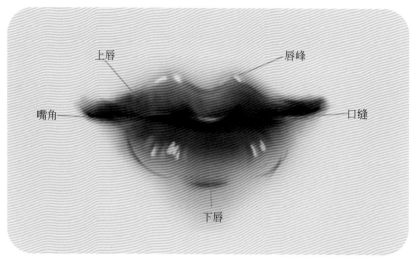

图1-43

（4）鼻

鼻子由鼻梁、鼻翼、鼻尖、鼻头、鼻孔、鼻中隔组成（图 1-44）。

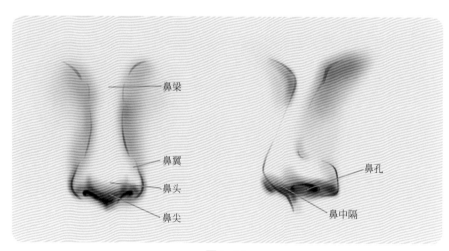

图1-44

四、技能操作

1. 请说出影响审美形成的要素有哪些

2. 请回答关于唇部的审美，东西方的异同是什么

3. 请描述下颌骨的基本结构要点和对外形的影响

4. 请描述眉、眼部分的基本结构及其各自名称

模块二

基础化妆修饰

完美的妆容展现必须要有一个精致的底妆，只有底妆精致，整体妆容才会干净清爽。化妆之前只有做好面部保湿工作，才不会出现卡粉、浮粉现象，保湿有利于妆容服帖，如果皮肤过干可以选择先贴张保湿面膜。

项目一 底妆造型

素养目标

1. 具备正确的审美观与艺术素养；
2. 具备良好的职业道德精神；
3. 具备敏锐的观察力与快速应变能力；
4. 具备一定的语言表达能力和与人沟通能力。

知识目标

1. 掌握底妆塑造的整体化妆程序；
2. 掌握底妆塑造中脸型的塑造步骤；
3. 掌握底妆塑造中面部内轮廓结构的塑造步骤。

技能目标

1. 能熟练掌握底妆隔离步骤；
2. 能熟练掌握底妆上妆步骤；
3. 能熟练掌握面部内轮廓塑造。

任务一 确定顾客化妆方案

一、任务描述

接待顾客，与顾客有效沟通，采集顾客信息并进行面部分析。

二、任务分析

能具备流畅的沟通能力，有效与顾客沟通，并顺利进行接待程序，完整完成顾客信息采集后对其进行面部分析。

三、任务实施及相关知识

1. 顾客接待

① 使用礼貌用语及得体方式迎接顾客。

② 按照服务流程妥善安排顾客。

③ 为顾客介绍服务项目及服务内容。

④ 填写顾客资料并进行登记。

2. 顾客信息采集和面部分析

① 对顾客信息登记表进行整理归档。

② 通过观察、语言交流对顾客的消费心理类型进行判断。

③ 通过顾客的年龄、皮肤状况、个人喜好等信息，选择适宜的化妆品。

④ 分析顾客脸型和面部的"三庭五眼"，确定好调整方案。

⑤ 通过顾客诉求进行主题定位。

3. 效果评价

① 化妆前要做好补水和保湿工作。干性皮肤可以使用滋润的化妆水和面霜，油性皮肤则可以使用化妆水和乳液。如果是白天，还需要先涂抹防晒霜和隔离霜，再进行化妆。

② 如果是特别干的皮肤，可以在妆前先敷面膜，这样可以为皮肤快速补充水分。敷完面膜后，将脸上残留的精华液按摩至吸收，如果还有残余则拍打至吸收。然后就可以涂抹化妆水了。

四、技能操作

1. 能熟练并礼貌地和顾客沟通

2. 能正确地判断并选择适合顾客的化妆主题

任务二 底妆塑造中的皮肤护理

一、任务描述

掌握皮肤护理中化妆品和化妆工具的使用，以及皮肤护理的步骤。

二、任务分析

能有效与顾客沟通，并流畅进行接待程序，完整完成顾客信息采集后对其进行面部分析。

三、任务实施及相关知识

底妆塑造

（1）酒精消毒双手

化妆师化妆之前用酒精消毒双手（图2-1、图2-2）。

图2-1 　　　　　　　　　　　　　　图2-2

（2）上妆前化妆水

用化妆棉浸满化妆水，再用手拿住化妆棉顺着皮肤纹理生长方向按压（图2-3）。注意选择适合顾客肤质的化妆水，如果顾客是敏感皮肤可先在耳后做过敏测试。

图2-3

使用的化妆品与工具:

① 化妆水: 一般为透明液体, 能平衡皮肤 pH 值, 除去皮肤上的污垢和油性分泌物, 保持皮肤角质层有适量水分, 具有促进皮肤的生理作用、柔软皮肤和防止皮肤粗糙等功能。

② 化妆棉: 化妆棉是由棉花或纸浆压制而成的长 5 ～ 6 厘米的小棉片, 因为它的质地很柔软, 所以卸妆的时候不仅不容易把脸弄伤, 而且配合爽肤水一起使用很舒服。

（3）给面部上乳液

乳液是一种液态霜类护肤品, 除了润肤保湿效果外, 还可以隔离外界干燥的空气, 防止肌肤水分流失过快, 避免肌肤干裂。

化妆师用酒精消毒双手后, 再用双手蘸取乳液, 点在顾客脸上（图 2-4）, 并用双手均匀抹开, 等双手乳化乳液以后再次顺着皮肤纹理方向按压面部（也可以轻轻拍打面部）, 帮助乳液吸收。

图2-4

（4）给面部上隔离霜

用同样的手法, 给顾客面部上隔离霜。

四、技能操作

1. 了解皮肤的分类, 并能说出不同皮肤状况的注意事项
2. 如遇到皮肤过敏时, 应该如何处理
3. 进行妆前皮肤护理实训练习

任务三　底妆塑造中脸型的塑造

一、任务描述

掌握底妆隔离步骤；掌握底妆上妆工具；掌握面部高光位置，以便塑造。

二、任务分析

能熟练运用化妆品及化妆工具解决被服务者的底妆皮肤问题，使其肤色均匀，完美遮盖面部局部瑕疵。

三、任务实施及相关知识

1. 底妆隔离步骤

（1）遮盖粗大毛孔

用手指指腹涂抹毛孔隐形膏，方向是从面部中间向外（使用毛孔隐形膏，既可吸附多余皮脂，使肌肤呈现丝般细滑，又可改善因皮脂分泌过多导致的毛孔粗大）。

（2）遮盖黑眼圈

将橘色或者黄色的遮瑕膏挤在调色板上，调好颜色后来遮盖黑眼圈（注意如果肤色较深或者黑眼圈较深，可以使用的遮瑕膏颜色偏橘色，反之就偏黄色，图2-5），再使用小号粉底刷蘸取少量粉底上妆。

（3）遮盖痘印等瑕疵

可以使用绿色隔离霜调整痘痘和痘印的颜色，也可以用隔离霜对鼻翼周围、黑头部分进行遮盖，工具是小号粉底刷（也可以用眼影刷），注意隔离霜的量要尽量少（图2-6、图2-7）。

图2-5

图2-6

图2-7

图2-8

图2-9

图2-10

2. 底妆上妆步骤

（1）选择粉底颜色

一般选择和肤色接近或者亮一号的粉底颜色，可以在脖子上面涂一点粉底选择颜色。如果皮肤有明显的瑕疵，可以选择比肤色暗一号的粉底颜色，再用调色板进行调色。见图2-8～图2-10。

（2）进行面部打底

用粉底刷蘸取粉底膏进行面部打底，手法均匀（从内轮廓向外轮廓的方向），发际线部分粉底膏的用量较少，注意衔接，不要有明显的粉底堆积（图2-11）。

（3）轻拍按压皮肤

用美妆蛋（海绵蛋，可以蘸取少许干粉）进行一次轻拍按压，使粉底和皮肤更加贴合，注意发际线部分用美妆蛋多按压几次，达到自然的效果（图2-12）。

（4）进行二次打底

以上是第一次打底，接下来需要再打一次底，手法和上述一样。先用深色粉底膏再次遮盖面部痘印等瑕疵，用小号粉底刷蘸取粉底膏，以点的方式进行局部遮盖（针对痘印）。然后用一个形状较散的刷子，对刚才遮瑕的点的边缘进行模糊涂抹（手法较轻）。见图2-13。

图2-11

图2-12

图2-13

（5）涂抹透明唇釉

涂上透明唇釉，让唇滋润，注意唇釉不能超过唇线。

四、技能操作

1. 掌握底妆上妆的完整步骤并注意如下事项

① 化妆全程保持工作区域、工具、产品摆放整齐。

② 按时完成及结束工作，并整理和清洁工作区域，消毒双手。

2. 进行底妆实训练习

项目二 五官化妆技巧与矫正

素养目标

1. 具备正确的审美观与艺术素养；

2. 具备良好的职业道德精神；

3. 具备敏锐的观察力与快速应变能力；

4. 具备一定的语言表达能力和与人沟通能力；

5. 具备应知优质的服务来自对顾客的感恩、关爱及诚心的素养。

知识目标

1. 掌握用黄金分割法分析人的五官比例分布；

2. 掌握五官局部比例关系；

3. 掌握各种眉型的矫正方法；

4. 掌握各种眼型的矫正方法；

5. 掌握各种唇型的矫正方法；

6. 掌握各种脸型的矫正方法；

7. 掌握调整非标准"三庭"的修饰方法。

技能目标

1. 能测量"三庭五眼"和五官局部比例；

2. 能矫正各种眉型、眼型、唇型和脸型；

3. 能调整非标准的"三庭五眼"。

任务一　了解"三庭五眼"

一、任务描述

掌握面部脸型、五官美学判断标准；了解"三庭五眼""黄金分割"等美学理论；能测量五官局部比例，并能掌握面部的"三庭五眼"比例特征与面部手绘图方法。

二、任务分析

具备分析被服务者面部轮廓及五官比例的能力，根据"黄金分割"对其进行局部化妆调整，使其达到标准脸的美观效果。

三、任务相关知识

1. "三庭五眼"的概念

人的面部不仅要拥有形式美的基本要素，还要具有形式美的最精确的比例。面部的轮廓以左右鬓角发际线为宽，以额头发际线到下巴尖的间距为长，比例恰当，左右基本对称的面部才让人觉得漂亮。人的体貌特征千差万别，特别是不同年龄、不同性别的人的整体比例就更难有统一的标准。人的五官位置和形态各有差异，当前美学家用黄金面容分割法分析标准的面部五官比例，五官比例一般以"三庭五眼"（图2-14）为标准，"三庭五眼"是对脸型精辟的概括，也是中国古代总结出来描绘人的面部美比例的标准。

测量方法如下。

"三庭"：是将人的面部纵向分为三等分，而每一等分相等（图2-15）。其中，上庭指

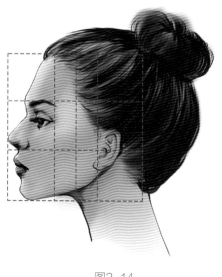

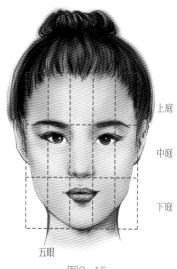

图2-14　　　　　　　　　　图2-15

前额发际线到眉头底端；中庭指眉头底端至鼻底端；下庭指鼻底端至下巴底端。

五眼：正面平视，将人的面部分为五等分，而每一等分为一只眼的长度。

从"三庭五眼"的比例标准可以得到以下结论："三庭"决定着脸的长度，"五眼"决定着脸的宽度，面部的这一对应关系成为矫正化妆的依据。

2. 局部比例关系

（1）眼睛与面部的比例关系

眼轴线为面部的黄金分割线，眼睛与眉毛的距离等于一个眼睛中黑色部分的大小，眼睛的内眼角与鼻翼外侧成垂直线。

（2）眉毛与面部的比例关系

眉头、内眼角和鼻翼两侧应基本在人正视前方的同一垂直线上，眉梢的位置在鼻翼与外眼角连线的延长线与眉毛的相交处。

（3）鼻子与面部的比例关系

黄金三角是指腰与底边之比等于或者近似 0.618 的等腰三角形，其内角分别为 36 度、72 度、72 度。人体具有三角形特征的部位很多，但对人的面部形象极具重要意义的是集中在人面部的三个三角形。

① 鼻部正面是一个以鼻翼为底线与两眉中点构成的黄金三角。

② 鼻部侧面是一个以鼻根点（两内眼角连线中点）为顶点、鼻背线（鼻根点和鼻尖的连线）与鼻翼底线构成的黄金三角。

③ 鼻根点与两侧嘴角是以嘴角连线为底线与鼻根点构成一个黄金三角。

此外，鼻部轮廓是以鼻翼间距为宽，以眉头连线至鼻翼底线间距为长，构成一个黄金矩形，且此矩形位于面部轮廓黄金矩形的正中央位置。鼻部宽度是鼻翼间距，正好等于两内眼角的间距，鼻梁的宽度为两内眼角间距的三分之一。

（4）嘴唇与面部的比例关系

嘴部轮廓是当面部处于静止状态时，以上唇峰至下唇底线间距为宽，以两嘴角间距为长，构成一个黄金矩形。标准唇型的唇峰在鼻孔外缘的垂直延长线上，嘴角在眼睛平视时眼球内的垂直延长线上。下唇略厚于上唇，下唇中心厚度是上唇中心厚度的 2 倍，嘴唇轮廓清晰，嘴角微翘，整个唇型富有立体感。

四、技能操作

1. 自我分析脸型或分析朋友、同学、家人脸型

2. 人工测量黄金分割比例、"三庭五眼"比例

任务二　面部化妆局部与整体的协调方案制订

一、任务描述

调整非标准的"三庭""五眼"比例。

二、任务分析

针对被服务者的五官进行非标准的"三庭"比例、"五眼"比例的调整，使其接近标准脸的比例。

三、任务实施及相关知识

1. 调整非标准的"三庭五眼"

（1）调整非标准的"三庭"

① 上庭修饰

上庭偏长修饰方法：a. 抬高眉头（眉眼间的距离要近，眉头偏低才行）。b. 前额发际线用剩余的腮红粉（暗影粉）清扫。c. 可以借助刘海修饰。

上庭偏短修饰方法：a. 剃前额发际线（影视剧中常用到）。b. 将前额的中部提亮。c. 降低眉头（眉眼间距较远的）。d. 将刘海做成蓬松状。

② 中庭修饰

中庭偏长修饰方法：a. 鼻端暗影的修饰。b. 降低眉头（眉眼间距较远的）。

中庭偏短修饰方法：a. 鼻梁的提亮。b. 抬高眉头（眉眼间的距离要近，眉头偏低才行）。

③ 下庭修饰

下庭偏长修饰方法：a. 下巴暗影的修饰。b. 上嘴唇的修饰（丰满）。c. 两侧暗影的修饰。

下庭偏短修饰方法：a. 下巴的提亮。b. 唇型修饰得薄一点。

（2）调整非标准的"五眼"

重点在于调整两眼之间的距离。

① 两眼间距过宽

修饰方法：a. 加重内眼角眼影的描画。b. 眼线不宜过长。c. 刷睫毛时注重睫毛中部的拉长。d. 鼻梁的提亮。

② 两眼间距过窄

修饰方法：a. 加深外眼角眼影的描画，达到拉伸的效果。b. 适当地拉长眼线。c. 刷睫毛时以外眼角的 1/3 或 1/2 为主，贴假睫毛时可适当往后。

2."四高三低"

（1）"四高"

第一个高点，额部。第二个高点，鼻尖。第三个高点，唇珠。第四个高点，下巴尖。

（2）"三低"

两只眼睛之间，鼻额交界处必须是凹陷的；唇珠上方的人中沟是凹陷的（美女的人中沟都很深，人中嵴明显）；下唇的下方有一个小小的凹陷。"四高三低"在头侧面外观上最明确。

符合"三庭五眼"和"四高三低"美学规律的面容是好看和谐的面容，只有加上五官局部美和头面轮廓美，才是真正的美女。

四、技能操作

1. 根据化妆对象制订面部化妆的协调方案
2. 分析并尝试用化妆手段调整"三庭五眼"的比例

任务三　眉毛的修饰

一、任务描述

了解各种眉型与风格潮流的趋势以及各种眉型与整体形象的关系；掌握运用修眉工具和画眉工具矫正眉型的技巧；通过对眉型矫正方法的了解，对眉的美化有初步的感知力。

二、任务分析

针对被服务者进行眉型设计，通过修眉、画眉使其拥有合适的眉型。

三、任务实施及相关知识

1. 标准眉形

美丽的眉毛是个体端庄、容貌秀丽的重要组成部分，眉的作用在于辅助和强调眼睛的形状、色彩、比例和情趣，同时又起着一种反衬作用，眼睛刚强，眉毛就柔软，眼睛暗淡，眉毛就突出，使面部立体感增强，起着画龙点睛的作用。

标准眉形的画法如下。

取一条直线，把这条直线平均分为三等分，每一等分都相等，眉峰的高度是取其中一等分的 1/2（图 2-16）。

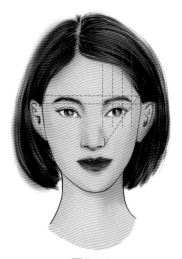

图2-16

眉头：略低于水平线起笔，最宽、颜色最浅，是稀疏的。眉头要浅、虚、自然，不可过方或过圆。在鼻翼与内眼角的延长线上。

眉峰：高度是长度的 1/3 的 1/2（眉峰的下边缘），最高、颜色最深，是整条眉毛中最浓密的地方。眉腰的眉毛是斜向后的。在鼻翼与眼珠正中的延长线上，约在眉毛的 2/3 处。

　　眉尾：最细、略深的颜色，在水平线斜向下的地方，要略高于眉头。位于鼻翼外侧到外眼角的延长线上，颜色逐渐变浅至消失（图2-17）。

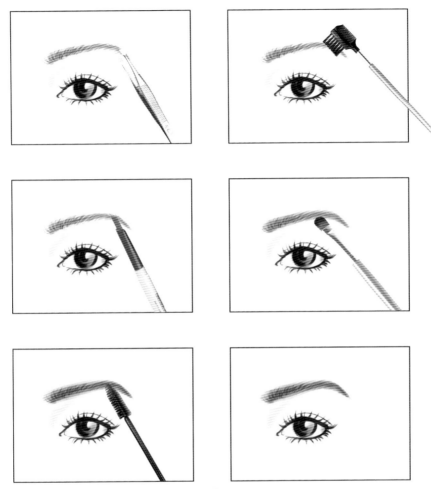

图2-17

　　眉毛的修饰方法分为两个步骤完成，即修眉和画眉。

　　修眉和画眉的工具如下。

　　① 修眉刀：用于修除细小凌乱的眉毛。

　　② 眉钳：可将生长凌乱的眉毛连根拔起。

　　③ 眉剪：通常由不锈钢材料制作而成，拔眉后用来修剪过长的眉毛。

　　④ 眉梳：用于梳理和修剪眉毛。

　　⑤ 眉笔：画眉的主要工具，修眉后用来填补眉毛的空缺部位以给眉毛定型。

　　⑥ 眉刷：用于蘸取眉粉，填补眉毛空缺。

　　修眉的原则：宁剪勿拔、宁宽勿窄、清除其余。造型修眉之前，先用眉梳把眉毛梳理成形，然后按照眉毛的长势彻底拔掉有碍眉型塑造的杂毛，并用眉剪修剪过长或逆向生长的眉毛，以利于眉型的清晰柔顺。修眉时应尽量保留原来的眉毛，这样真实感、立体感比较强。

画眉的原则：描画的眉形应与脸型、个性相协调。眉色应与肤色、妆型相协调。眉毛的描画要虚实相应，左右尽量对称。

修眉的步骤如下。

① 拔：拔眉时，一只手撑开眉毛周围的皮肤，另一只手拿眉钳，顺着眉毛生长的方向，一根根地斜向连根拔除（图2-18）。

② 刮：使用专业刮眉刀，刀头要小，刀锋处有保护层，这样不容易刮伤皮肤。刮眉时，一只手撑开眉毛周围的皮肤，另一只手拿刮眉刀，逆着眉毛生长方向齐根刮除（图2-19）。

③ 剪：修剪眉毛的工具是一把弯头小剪刀（眉剪），对于太长太密的眉毛就需要修剪一下，修剪眉毛的难度较大，不要一下子剪太多，否则剪坏眉型很难弥补（图2-20）。

眉笔的颜色一般选用柔和自然的灰色、灰棕色、棕褐色或驼色。首先用眉笔将眉型设计好，再用眉刷蘸取少许眉影粉（眼影粉亦可）将整个眉毛刷均匀即可。

用眉笔画眉时可以将眉笔削成鸭嘴状。描画时力度要均匀，效果要柔和自然（搭配一些深棕色调的暖色系列眉笔画眉，可以增强眉毛柔和自然的效果），较好地体现眉毛质感。特别是眉腰处，可用增加眉毛密度来体现色泽，千万不要增加力度，因为增加力度只会将眉毛画成"僵眉"。

图2-18

图2-19

图2-20

2. 四种常见眉型的塑造

（1）标准眉（柳叶眉）

是几乎所有脸型都能驾驭的一款眉型，整体眉型的眉峰、眉尾下落柔和，自然、大方、端庄、适应性广（图2-21）。

画法：眉峰在由眉头至眉尾后2/3处。

① 用眉刷整理眉形，蘸取跟发色相近的眉影粉，沿着眉毛的走向画出眉头（图2-22、图2-23）。

图2-21

眉型塑造

② 找到眉峰确定眉毛的形状，用眉影粉填补空缺或者眉色稀少的地方，加深眉毛的轮廓。确定好眉峰后，向下描绘出眉尾（图2-24、图2-25）。注意：眉峰到眉尾的位置一定要有比较饱和的弧度。

图2-22

图2-23

图2-24

图2-25

③ 用眉笔强调下眉毛下方的线条，做到上虚下实（图2-26）。
④ 画眉腰与眉尾衔接的地方时，眉尾线条要干净明朗。
⑤ 用眉刷将整条眉毛的颜色刷均匀（图2-27）。

图2-26

图2-27

⑥ 检查眉形周围，将多余的眉毛刮掉（图2-28）。
⑦ 用修容笔让眉毛周围更干净（图2-29）。

图2-28   图2-29

最后效果（图 2-30）。

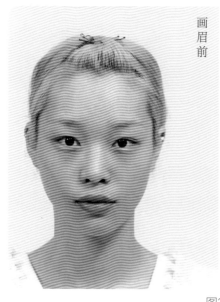
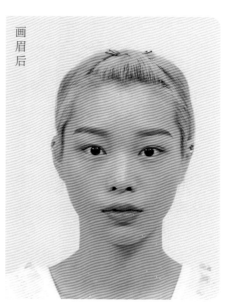

画眉前   画眉后

图2-30

（2）平直眉

适合长脸型，视觉上可以拉短脸型，让人看起来更可爱温柔（图 2-31、图 2-32）。

图2-31   图2-32

画法：眉峰在由眉头至眉尾后 3/4 处（图 2-33）。

图2-33

最后效果（图 2-34）。

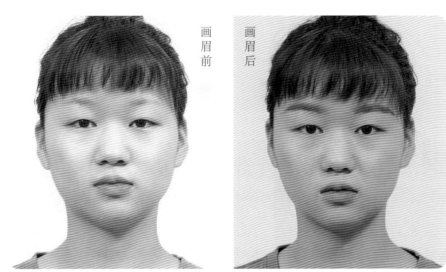

画眉前　　画眉后

图2-34

（3）上挑眉

适合菱形脸，可以很好地修饰颧骨过高、额头过窄的缺陷，小挑眉可以拉长额头，柔和脸型（图 2-35、图 2-36）。

图2-35

图2-36

图2-37

画法：眉峰在由眉头至眉尾后 2/3 或 3/4 处（图 2-37）。

最后效果（图 2-38）。

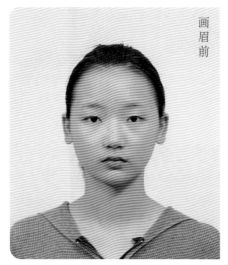
画眉前

画眉后

图2-38

（4）拱形眉（欧式眉）

这种眉型适合圆脸型，可以通过欧式眉画出立体感，让五官更立体（图 2-39）。同时也适用于印度妆、舞台妆。

图2-39

画法：眉峰在由眉头至眉尾后 1/2 处（图 2-40、图 2-41）。

最后效果（图 2-42）。

图2-40　　　　　　　　　　图2-41

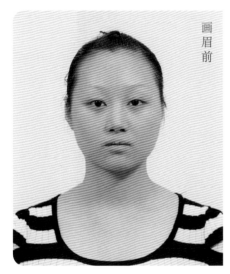
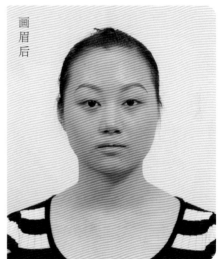

图2-42

3. 不同眉型的矫正

（1）两眉间距过近（向心眉）

特征：两条眉毛向鼻根处靠拢，其间距小于一只眼的长度。这种眉型使五官显得紧凑、不舒展，给人以严肃紧绷的感觉。

修饰方法：①将眉头处多余的眉毛除掉以加大两眉间的距离。②用眉笔描画时，将眉峰的位置略向后移，眉尾适当加长。

（2）两眉间距过远（离心眉）

特征：两眉头间距过远，大于一只眼的长度，这种眉型使五官显得分散。

修饰方法：①重新描画眉头（自然，不可生硬）。②眉峰略向前移，眉梢不要画得过长。

（3）吊眉

特征：眉头位置较低，眉梢上扬。吊眉使人显得有精神，但又会使人显得不够和蔼可亲。

修饰方法：①去除眉头下方和眉梢上方多余的眉毛。②加宽眉头上方和眉梢下方的线条，使眉头和眉尾基本在同一水平线上。

（4）挂眉

特征：眉尾和眉头不在同一水平线上。这种眉型使人显得亲切，但过于下垂会使面容显得忧郁。

修饰方法：①去除眉头上方和眉梢下方的眉毛。②在眉头下面和眉尾上面的部位要适当补画，尽量使眉头和眉尾能在同一水平线上，或使眉尾略高于眉头。

（5）短粗眉

特征：眉形短而粗。这样的眉型显得粗犷有余，细腻不足。

修饰方法：①根据标准眉形的要求将多余的眉毛修掉。②用眉笔补画出缺少部分，可适当加长眉形。

（6）眉形散乱

特征：眉毛生长杂乱，缺乏轮廓感，使得面部五官不够清晰、明净。

修饰方法：①按标准眉形的要求将多余眉毛修掉，在眉毛杂乱的部位涂少量的专用胶水，并用眉梳梳顺。②用眉笔加重眉毛的色调，画出相应的眉形。

四、技能操作

1. 各种眉型的修饰

① 分析各眉型的特征。

② 掌握向心眉、离心眉、吊眉、挂眉等眉型的修饰方法。

2. 结合眉型进行各种脸型的矫正

① 分析各种脸型的眉型搭配方法。

② 利用眉型对圆脸、菱形脸、长脸等各种脸型进行矫正。

任务四 眼部的修饰

一、任务描述

了解各种眼型的修饰及矫正规律；掌握眼线的描绘方法、睫毛的修饰方法以及单双眼皮的特殊处理技巧；通过对眼妆矫正方法的了解，对眼部的美化有初步的感知力。

二、任务分析

使用结构塑造法对被服务者进行眼型的修饰，并运用眼线笔和睫毛膏（或假睫毛）使眼更加明亮有神。

三、任务实施及相关知识

1. 不同眼型的矫正

对眼部的修饰主要是通过画眼影、眼线和贴假睫毛等进行的美化。例如利用不同颜色的眼影晕染，可以增加眼部神采，调整眼部结构；粗细不同、长短不一的眼线，可以改变眼睛的形状；不同睫毛的配合，又可以加强眼睛的神韵。

眼部化妆技巧

（1）小眼

特征：给人敏捷、干练的感觉，但也会显得淡漠，五官比例协调性不佳。

修饰方法（图2-43）：①不宜用眼线液画眼线，眼线可适当加粗，变清晰，可借助睫毛来突出眼睛的神韵，同时也可在眼白上描画白色眼线，让视觉上产生明亮扩张感。②可以采用小烟熏妆。③在化妆时尽量不要选用太刺目或另类的颜色，可选择贴近东方人肤色的暖色系色彩，下眼线只画到2/3处。④剪出较细的美目贴，紧贴睫毛根部粘贴，先调整内眼角的弧度，再剪一截美目贴沿着第一层美目贴粘贴，调整眼尾弧度，使整个眼睛的外围弧度加大，显得更加美观。

图2-43

（2）上扬眼

特征：上扬眼型内眼角低垂，但外眼角向上飞起。此种眼型给人机敏、聪慧的感觉，但也会显得高傲、严厉、有距离感。

修饰方法（图2-44）：①内眼角的上眼睑处涂以耀目的色彩（外眼角无须强调，以柔和的色调轻轻带过即可）。②内眼角的下侧可选用浅亮色提亮。③加宽上眼线内眼角处及下眼线外眼角处，达到视觉上的平衡。④用美目贴将内眼角的外围弧度拉大，可以使眼尾上扬的弧度不是很明显。

图2-44

（3）下垂眼

特征：与上扬眼的形状相反，此种眼型给人以天真、和蔼可亲的印象，但下垂过于明显会给人孤僻和忧郁的感觉。

修饰方法（图2-45）：①可将美目贴贴于上眼睑的外眼角处，令眼部形状得以提升。②可选用鲜亮颜色的眼影进行略向上提升的晕染。③上眼线前细后粗，眼线画得不可过长，加宽外眼角的眼线，眼线可有微微上扬；下眼线斜切与上眼线呼应。④用美目贴调整下垂的眼尾的外围弧度，再依据眼尾的弧度调整内眼角的弧度。

图2-45

（4）肿眼

特征：上眼皮脂肪较厚，使得上眼睑的厚度很突出，造成肿眼泡的迹象。这种眼型给人留下简单、纯洁的印象，但也会让人感到呆板，睡眠不足，轮廓感不强。

修饰方法（图2-46）：①可选用深色的眼影（咖啡色）。②可用亮色提高眉骨的高度。③可选择较长的假睫毛（削弱肿眼睛眼皮的厚度感）。④描画眼线时内眼角上眼线宽，眼尾向上拉长，眼球中心的眼线尽量减少弧度，增加眼睛的张力。⑤剪出较细的美目贴，沿着睫毛根部粘贴，先调整内眼角的弧度，再调整眼尾的弧度，使眼睛的弧度变大一些。

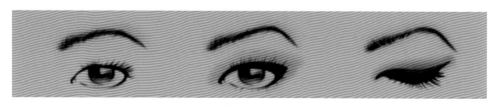

图2-46

（5）凹陷眼

特征：凹陷眼的眼形与肿眼恰巧相反，它具有欧化的风格。眼眶凹陷，较具现代感，但又会给人成熟、憔悴的印象。

修饰方法（图 2-47）：①可选择一些浅白色系的眼影，增加柔和的感觉，眉骨处的色彩不可太刺目。②眼线应尽量淡化弱化，描画要自然、柔和。③根据凹陷眼睛的不同，用美目贴调整眼睛的外围弧度。

图2-47

（6）圆眼

特征：给人天真、可爱的感觉，但也会显得大众化，缺乏成熟感。

修饰方法：①加深外眼角处的眼影（整个眼影的位置不宜过高）。②眼线的画法可细长一些（增加眼部的长度感）。③根据圆眼的外围轮廓调整美目贴的弧度。

（7）单眼皮眼

特征：常给人以妩媚、女性化的印象，但又有眯眼、缺乏神采的感觉。

修饰方法（图 2-48）：①画眼影时可采用上下几色并列的画法，眼影的位置可略高，但不可太长，强调下眼睑处的眼影色。②可贴双眼皮贴，对眼睛进行修饰。③眼线的画法可采取中间粗、两头细的方法（加强眼睛的宽度和厚度）。④剪出较细的美目贴，沿着睫毛根部粘贴，先调整内眼角的弧度，再调整眼尾的弧度，使眼睛的弧度变大一些。

图2-48

（8）大眼

特征：给人明亮、华丽的感觉，但神散。

修饰方法（图 2-49）：眼线描画要精细，在睫毛根内眼白处画眼线，缩小眼形，使眼神光聚拢，增加神采。

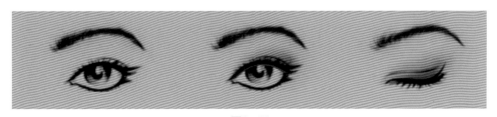

图2-49

（9）三角眼

特征：主要表现为上眼睑皮肤外侧松弛下垂，外眦角被遮盖，使眼形似三角形。这种眼型在中老年人中多见，与皮肤松弛有一定关系。

修饰方法（图 2-50）：①内眼角黑眼球前侧细致描画眼线，在睫毛根内、中部及外侧平拖使其清晰加宽，可有微微上扬感。②用美目贴沿着双眼皮褶皱线的弧度向上粘贴，先调整内眼角的弧度，再依据内眼角的弧度调整眼尾的弧度。

图2-50

（10）黑眼球较小

特征：迷离，有距离感。

修饰方法（图 2-51）：眼线要描画在睫毛根眼白内，控制白眼球的扩张性。

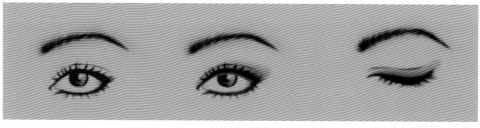

图2-51

（11）对珠眼

特征：呆滞。

修饰方法（图 2-52）：弱化眼线，重点突出睫毛，改变其眼神使之明亮。

图2-52

（12）内双眼

特征：眼睛睁开时，看不见明显的折痕线，而闭上眼睛时，可以看见较浅的折痕线。

修饰方法（图 2-53）：①用美目贴沿着双眼皮折痕线的弧度向上粘贴，将眼睛的外围弧度扩大。②画出精细的眼线，使眼睛看起来更加有神。③画出层次丰富的眼影效果。④可以粘贴仿真的假睫毛，使眼睛更加完美。

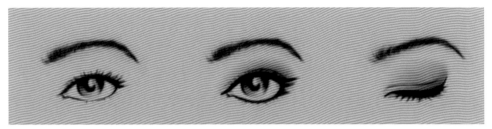

图2-53

2. 双眼皮贴和假睫毛的塑造

双眼皮贴有不同的材质，当然也具有不同的优缺点。

① 胶带材质的双眼皮贴。塑形胶带质地的双眼皮贴（图2-54）最常用。针对日常化妆，可以买剪裁好的双眼皮贴，使用非常方便。如果是专业化妆师的话，一般喜欢自己根据眼型需求来剪裁，这样可以在最大限度上达到理想的效果。

优点：塑形效果和支撑力比较好，在调整眼形的时候效果比较明显，发挥空间大。

缺点：材质是光滑的，痕迹没有那么隐蔽，涂眼影的时候没有那么好上色。

② 纸质的双眼皮贴。纸质的双眼皮贴（图2-55）的颜色接近肤色，效果真实自然，常用于时尚杂志大片化妆，或者拍近距离特写镜头的时候用得比较多。

优点：贴出来的效果比较自然无痕，涂眼影的时候更容易上色。

缺点：由于较柔软，支撑力相对弱一些。

图2-54

图2-55

③ 纱质的双眼皮贴。纱质的双眼皮贴（图2-56）相对操作难度较大，很软，需要配合相应的胶来粘贴，所以一般在影视中用得比较多，时尚杂志大片化妆和日常化妆中相对使用较少。

由于要粘贴和撕拉双眼皮贴，所以长期使用的话，对双眼皮会造成一定程度的松弛，别的基本没有问题。

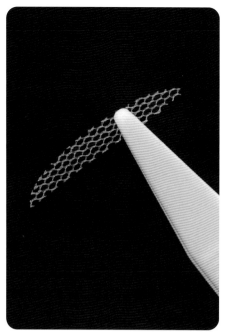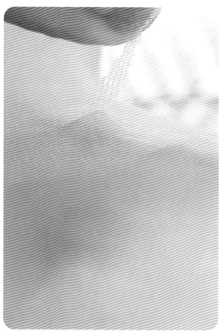

图2-56

知识拓展

双眼皮贴卸除小常识

（1）热毛巾卸除法

如果贴了双眼皮贴但没有画眼妆，可以用热毛巾在眼部敷几分钟，这样就可以让双眼皮贴自行脱落，而不是直接撕扯。这不仅可以保护脆弱的眼部肌肤，也可以放松眼部。

（2）油性化妆水卸除法

用手指或者化妆棉蘸取一款比较油的化妆水，从双眼皮贴的尾部开始轻轻蹭，蹭到化妆水进入双眼皮贴下面就可以轻松卸除。油性成分较多的化妆水，有让双眼皮贴底部的胶水与肌肤快速分离的效果，所以这样卸除双眼皮贴安全又温和。

（3）眼唇卸妆液卸除法

如果画了眼妆又贴了双眼皮贴，可以直接用化妆棉蘸满眼唇卸妆液敷在眼睛上一分钟，即可擦去眼部的双眼皮贴以及眼妆。

（4）婴儿油卸除法

婴儿油可以很好地软化双眼皮贴上的胶水，但缺点是婴儿油没有乳化剂，用清水是洗不干净的。所以在卸除双眼皮贴后，需用卸妆水、洗面奶再次清洁，直至没有油性成分的残留为止。

（1）粘贴双眼皮贴

使用平口夹夹住胶带尾端，将另一端带至想要的高度，用手指压下胶带的尾端。拉动美目贴，使眼皮出现褶痕，确定尾端粘牢后，用平口夹拉胶带往眼头贴（图 2-57、图 2-58）。

双眼皮贴和假睫毛的塑造

双眼皮贴要根据眼睛的状况选择，颜色方面选择与肤色相近的，眼皮薄的顾客选择窄形、月牙形双眼皮贴，眼皮脂肪较厚的内双或单眼皮选择宽形双眼皮贴。

図2-57　　　　　　　　　　　　　　　図2-58

（2）粘贴假睫毛

① 用睫毛夹从根部开始夹睫毛（图 2-59）。夹翘睫毛的手法要轻，否则容易夹出直角，睫毛看起来会很僵硬。

② 在假睫毛根部涂上睫毛黏合剂后，静置 30 秒左右，待假睫毛上的胶水呈淡蓝色后进行粘贴（图 2-60）。

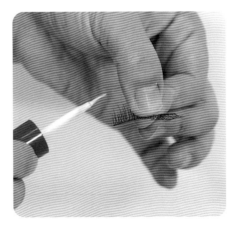

図2-59　　　　　　　　　　　　　　　図2-60

③ 用平口夹夹住假睫毛的中段位置，使假睫毛紧贴真睫毛根部进行粘贴。首先粘贴在眼球中部，再使用平口夹夹住假睫毛的两端依次粘贴在眼头和眼尾，可以用平口夹进行位置的微调（图 2-61）。

④ 在贴完假睫毛后，使用睫毛膏定型可以使得真假睫毛自然地贴合在一起（图 2-62）。

图2-61

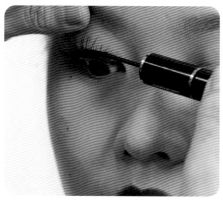

图2-62

四、技能操作

1. 了解眼线的描绘方法

① 眼线笔、眼线胶、眼线膏的使用方法。

② 各种眼型的矫正方法。

2. 了解睫毛的修饰方法

① 睫毛膏的使用技巧。

② 假睫毛的修饰技巧。

3. 了解单双眼皮的特殊处理技巧

① 双眼皮贴类别的选择技巧。

② 双眼皮贴矫正技术。

4. 进行眼部修饰实训练习

任务五 唇部的修饰

一、任务描述

了解唇的矫正规律；掌握各种唇型的结构，唇部立体性描绘方法、修饰技巧。

二、任务分析

运用唇的矫正方法和技巧对被服务者进行唇的塑造，从而对面部的美化有初步的感知力。

三、任务实施及相关知识

1. 标准唇形

嘴唇由皮肤、口轮匝肌、疏松结缔组织及黏膜组成。上唇的正中有一长形凹沟，称人中沟。人中两侧隆起呈堤状的部位为人中嵴，嵴上有两个突起的高峰称唇峰。上下唇黏膜向外延展形成唇红（口唇赤红色部位称唇红），唇红与皮肤交界处是唇红缘，形态呈弓形，较突出，下沿有明显的轮廓，唇红缘与皮肤交界处有一白色的细嵴，称皮肤白线或朱缘嵴。

标准唇形（图2-63）的画法：a. 取一条直线，平均分成6等分。b. 唇谷的位置：以最中间的点作垂线。c. 唇峰的位置为唇角到唇谷的2/3处。d. 唇峰的高度为整个唇高度的1/6。e. 唇谷的高度为唇峰高度的2/3处（唇底的厚度是唇峰高度的1.5倍）。

2. 不同唇型的矫正

唇部的修饰包括描画唇线和涂抹唇膏两个部分。唇型在矫正前，应用与面部打底颜色相同的、遮盖力较强的粉底色，将原唇的轮廓进行遮盖，然后用蜜粉将其固定，再进行修饰，以便使矫正后的唇型效果自然。

（1）嘴唇过厚

特征：嘴唇过厚分上唇较厚、下唇较厚及上下唇均厚三种。嘴唇过厚使面容显得不太神气。

修饰方法（图2-64）：①保持唇形原有的长度，再用唇线笔沿原轮廓内侧画唇线。②唇膏色宜选用深色或冷色以达到收敛的效果。

图2-63

图2-64

（2）嘴唇过薄

特征：嘴唇过薄分上唇较薄、下唇较薄及上下唇均薄三种。嘴唇过薄，唇形缺乏丰润的曲线，使面容显得不够开朗或给人以刻薄的感觉。

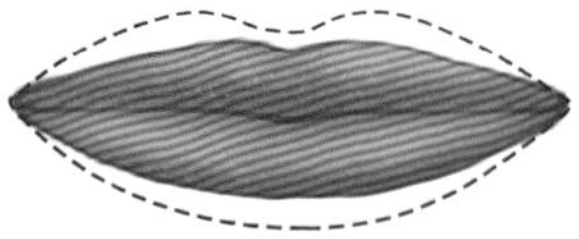

修饰方法（图2-65）：①在唇周围涂浅色粉底，增加唇部轮廓的饱满感，再用唇线笔沿原轮廓向外扩张画唇线。②用暖色、浅色或亮色的唇膏（唇彩）增加唇的饱满感。

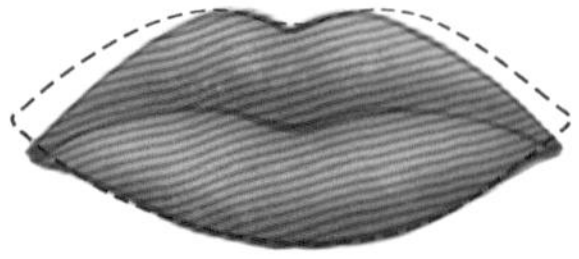

图2-65

（3）嘴角下垂

特征：容易给人留下愁苦的印象，且使人显得苍老。

修饰方法（图2-66）：①用粉底遮盖唇线和嘴角，将上唇线向上方提起，嘴角提高，上唇唇峰及唇谷基本不变，下唇线略向内移。②下唇色要深于上唇色，不宜使用较亮色的唇膏。

图2-66

（4）唇形平直

特征：缺乏表现力，面部不生动。

修饰方法（图2-67）：①按标准唇形的要求勾画唇线。②涂抹唇膏。

图2-67

3. 修唇和画唇的工具

① 唇线笔：可以勾勒出标准的唇形，防止口红晕染开。

② 口红：不同色彩的口红是可以改变一个女人的气质的，口红的颜色要根据整个妆面的颜色来确定。

③ 唇彩：可以帮助提亮唇色。

④ 唇刷：唇刷的灵活使用可以决定化妆师对唇部线条和口红多少的拿捏。

⑤ 遮瑕膏：需要改变唇部的轮廓或者需要重新塑造唇部时，就要使用遮瑕膏来改变原来的痕迹。

⑥ 纸巾：可以吸去多余的唇彩，以及打造裸妆效果的时候使用。

搭配得当、色彩纯正且富有光泽的双唇有助于让整个妆面更显亮丽。一般来说，嘴唇丰满的人适合画透明、红润的唇妆；双唇偏薄的人可在用唇线笔勾画出恰当的唇部轮廓后，再选用唇彩提亮唇色。在实际的化妆过程中，化妆师还应根据妆面的风格及人物唇型的不同，选择相应的唇妆产品描画出恰当的双唇。只有这样才能让妆效更出众。

唇型塑造

4. 唇妆的具体画法

① 用润唇膏给双唇打底、遮瑕（图2-68）。

② 选择一支比唇膏颜色深一些的唇线笔，

图2-68

从上下唇中部位置开始画起，沿着上下嘴唇的唇线位置，对称地将唇部边缘勾勒好（图 2-69）。

③ 以唇线为边缘由外往内涂口红，特别注意的是唇部中央要自然过渡一下，将红色唇膏填满唇线勾勒的部分，涂抹 2 ～ 3 次，让唇膏均匀地覆盖整个唇部（图 2-70）。

图2-69　　　　　　　　　　　图2-70

④ 再选用深一色号口红，在上下唇角和唇线部位晕染，使唇部显得立体感强（图 2-71）。
⑤ 如果有画坏的地方，可以用棉棒或纸巾擦拭（图 2-72）。

图2-71　　　　　　　　　　　图2-72

⑥ 使用唇刷蘸取跟肤色相近且少量的遮瑕膏，修饰唇形外侧边缘（图 2-73）。
⑦ 用定妆粉隔着面巾纸扑在唇部把多余的油脂吸掉，会让口红显色持久（图 2-74）。

图2-73　　　　　　　　　　　图2-74

最后效果（图 2-75）。

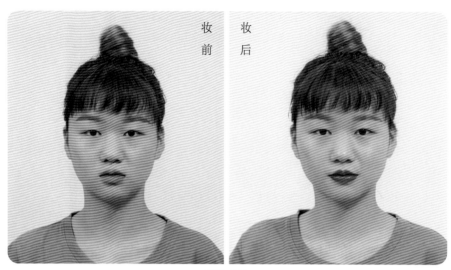

妆前　妆后

图2-75

四、技能操作

1. 了解时尚咬唇的修饰方法
2. 进行唇部修饰实训练习

任务六 不同脸型的修饰

一、任务描述

学会判断不同脸型，以及了解每种脸型的特征；学会不同脸型的修饰方法；掌握不同脸型五官的修饰方法。

二、任务分析

具备对被服务者进行脸型修饰的能力，使其达到近乎完美的状态。

三、任务实施及相关知识

1. 不同脸型的特征与修饰方法

在面型理论中，人的脸型通常被分为：椭圆形、圆形、方形、长形、正三角形、倒三角形和菱形（图2-76）。其中椭圆形是女性最完美的脸型，它尤其适合媒体造型，无须做矫正处理，其他的面型或多或少地需要修饰。通常修饰的关键都在于使脸型看上去更接近完美，即椭圆形，然而，也要针对具体的情况灵活处理，例如在表现个性的造型化妆中，就要根据顾客的个人特征进行特色化妆，这时脸型的矫正就不应过于标准。

图2-76

矫正的手段多采用粉底造影技巧（图2-77）。涂粉底可根据不同需要选用不同的粉底霜，如粉条、干湿两用粉中的任何一种，但无论使用何种粉底，都需准备三种颜色：第一种和肤色相近的作为底色；第二种较肤色深的作为打阴影用；第三种浅色作高光色用。涂抹粉底时，可用手或海绵推匀，并可根据需要选择涂薄或涂厚。如果面部有瑕疵，要选用盖斑膏遮住，再施涂粉底。粉底涂好后，用深色粉底打暗影，以修正脸型。

（1）圆脸型

特征：圆脸型的人常给人以年轻可爱的印象。因整个面庞圆润少棱角，缺少成熟稳重的气质，因此在修正时，我们可以利用色彩的明暗对比及较冷色系的色彩来改变这种印象。

修饰方法如下。

面部：重点在两腮处，可用比面部基础粉底深几号的阴影色涂于两腮处，制造影色，削弱面部的圆润感，并在额部、鼻梁、下巴处涂以亮色。

眉部：眉型采用带有棱角的上挑眉。

眼部：眼影选用冷色，增加成熟感。

腮部：以侧涂的方式来增加颧骨及面颊部位的立体感。

唇部：唇形不宜画得太圆、太饱满，可选择带有明显唇峰及唇角上扬的唇型。

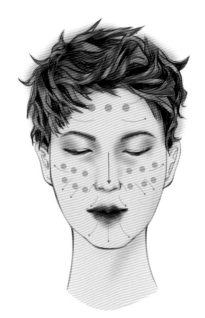

图2-77

（2）方脸型（田字形脸）

特征：方脸型的人面部棱角分明，一般都有宽阔的前额及方形的颧骨，整体感觉刚硬有余，柔美不足，在修正时可用一些柔和色调的化妆色来增添温柔等女性气质。

修饰方法如下。

面部：两腮处、两额角暗影的修饰，可制造圆润的效果。

眉部：眉型可采用内柔外刚的方形眉。

眼部：眼影可选用较暖、较柔和的色彩。

腮部：腮红的位置可略高一些，形状可以三角形晕染。

唇部：可画出圆润饱满的唇形。

（3）长脸型（目字形脸）

特征：长脸型的人容易给人以老成、刻板的印象，整个面部缺乏柔和、生动的感觉，在修饰时可以用一些鲜明的色彩来调整。

修饰方法如下。

面部：可选用带有浅粉色调的柔和粉底，并在前额及下巴处涂阴影色以调整脸型的长度感。

眉部：眉型宜选用平直的平眉。

眼部：眼部修饰的重点应在外眼角，并以鲜明的色彩来强调。

腮部：腮红的位置应在颧骨的下方，并作横向晕染。

唇部：口红的色彩可以柔和浅淡一些，以此削弱长脸型给人的老成感。

（4）正三角脸型（由字形脸）

特征：面部形状上窄下宽，给人以憨厚可爱的印象，但缺少生动感。

修饰方法如下。

面部：正三角形脸修饰的重点在于较宽的两腮处，可以用阴影色进行遮盖。面部的"T"形部位用浅亮色进行提亮。

眉部：可以选择上扬、带有一定弧度的眉型。

眼部：眼影修饰的重点可放在外眼角，以此加宽额部宽度。

腮部：腮红作纵向晕染。

唇部：可以选用稍带棱角的唇型。

（5）倒三角脸型

特征：俗称"瓜子脸"，脸型的额部较宽，但下巴窄而尖，给人以十分女性、秀气的印象，但难免又会有单薄、柔弱的感觉。

修饰方法如下。

面部：可在前额两侧及较尖的下颌处涂阴影色，在两腮处涂以亮色来修饰。

眉部：眉形不宜画得太长，可加重眉头色度。

眼部：眼影描画的重点应在内眼角处。

腮部：腮红的位置可按颧骨的本来位置作曲线形晕染。

唇部：唇形不宜画得太大，并且可选择柔和色调的唇色。

（6）菱形脸型（申字形脸）

特征：上额部位及下颌部较窄，颧骨部位又十分突出，整个脸型显得十分精明、清高，缺少亲切可爱的感觉。

修饰方法如下。

面部：可往前额部位及下颌处涂亮色，颧骨部位的两侧涂阴影色来修正面型。

眉部：眉形不可过于高挑，眉峰的位置可略向后一些。

眼部：眼影的色彩宜选用浅淡的柔和色调，并将重点放在外眼角。

腮部：涂在颧骨上，以掩饰颧骨的高度。

唇部：唇形宜画得圆润、丰满，选择柔和色调的唇膏。

2. 不同鼻型的矫正

对于鼻子的修正方法主要是通过画鼻侧影和提亮来修饰，对于不同的鼻型，鼻侧影和提亮的使用也有所不同。

（1）塌鼻梁

特征：鼻梁低平，使面部显得呆板，缺乏立体感和层次感。

修饰方法：在鼻梁两侧涂抹暗影，上端与眉毛衔接；眼窝处颜色要深一些并向下逐渐淡化；提亮鼻梁上较凹陷的部位及鼻尖处。

（2）短鼻

特征：鼻子的长度小于面部长度的1/3，即常说的"三庭"中的中庭过短，鼻子较短会使五官显得集中，同时鼻子显得较宽。

修饰方法：鼻侧影的上端与眉毛衔接，下端直到鼻尖，提亮从鼻根处一直涂抹到鼻尖处，要细而长。

（3）长鼻

特征：鼻子的长度大于面部长度的1/3，也就是中庭过长，鼻子过长使鼻形显细，并使面部显得更长。

修饰方法：鼻侧影从内眼角旁的鼻梁两侧开始，到鼻翼的上方结束，鼻尖涂阴影色，鼻梁上的亮色要宽一些，但不要在整个鼻梁上涂抹，只需涂抹鼻中部。

（4）鹰钩鼻

特征：鼻尖过长、下垂，面部表情肌运动时下垂更明显，鹰钩鼻往往伴有驼峰鼻畸形。

修饰方法：鼻根部涂阴影色使其收敛，鼻梁上端过窄的部位涂亮色使其显宽，鼻尖用深色粉底，鼻中隔用亮色，使其向外延展。

（5）宽鼻

特征：鼻翼的宽度超过面宽的1/5，会使面部缺少秀气的感觉。

修饰方法：鼻侧影涂抹的位置与短鼻相同，从鼻根至鼻翼处，并在鼻尖部位涂亮色。

（6）左右斜鼻

特征：鼻梁的中心线向左或右歪斜，影响面部的端正感。

修饰方法：鼻子歪斜则应通过加重另一侧阴影的方法来弥补。

四、技能操作

1.分析朋友、同学、家人的脸型

2.依据脸型提出矫正方案并实施：发型、眉型、眼型及唇型的矫正

3.分析五官并进行五官的调整

4.面部高彩图素描绘制

生活化妆与项目实训

　　生活妆分为：生活职业妆、生活裸妆和生活时尚妆。生活职业妆注重表现人物的内在修养和性格特征，塑造职业丽人整洁干练、端庄稳重的形象。生活裸妆注重塑造自然妆容，主要表现人物轻松、舒适的休闲状态。生活时尚妆要在传统元素中加入流行和时尚元素，更加突出人物的与众不同。生活妆是一类非常自然真实略带修饰性的妆面，重在展现化妆对象的精神风貌和个性特征。它应用于人们的日常生活和工作，在自然光条件下可以被别人近距离地观看而不觉得夸张。总体要求是清淡柔和，整洁干净，增添化妆对象的自信及魅力。

项目一　生活化妆

素养目标

1. 具备一定的审美与艺术素养；

2. 具备一定的语言表达能力和与人沟通能力；

3. 具备正确的艺术创作观；

4. 具备敏锐的观察力与快速应变能力；

5. 具备较强的创新思维能力；

6. 尊重文化差异，满足被服务者需求；

7. 具备有效管理好情绪及压力，保持工作与生活平衡的能力。

知识目标

1. 掌握生活妆的总体特征及规律；

2. 掌握生活妆的化妆技巧；

3. 了解生活妆的注意事项及与职业妆的区别。

技能目标

1. 能掌握生活妆的底妆处理技巧；

2. 能掌握生活妆的眼妆处理技巧；

3. 能掌握生活妆腮部、唇部等彩妆色彩搭配技巧。

任务一　生活妆方案制订

一、任务描述

完成生活职业妆、生活休闲妆、生活时尚妆的学习。

二、任务分析

通过灵活多变的化妆手法，对被服务者进行各类生活妆的塑造，手法简洁，在自然光线条件下，总体使人感觉自然，与形象整体和谐。

三、任务实施及相关知识

1. 粉底要用好

上妆前，粉底的选色很重要，在自然光下找出一种接近肤色的、较薄的、液状的粉底，或干湿两用粉底。化妆时，先在海绵上蘸些化妆水，再把粉底直接倒在海绵上，利用海绵推开粉底。这样比直接用手推均匀得多，会是一种薄薄的感觉。抹开了之后，再补上一层薄薄的蜜粉，有助于固定妆容，夏天尤其需要。

2. 眉粉要巧用

对于清新自然的裸妆来说，眉笔的化妆痕迹过于明显，用眉刷将自然、颜色浅一号的眉粉轻轻刷在眉毛的尾部，只允许按照原有的眉形淡淡描画，不必刻意修饰。画完了之后，可以在眉骨下方打上一些白色亮粉，能突出眉骨，整个脸也显得立体起来。

3. 妆型要有神

每一个妆容都要有突出的重点，裸妆也不例外。不像别的妆容一样，对眼部要大肆渲染，裸妆对眼部妆容的要求是明亮清澈。首先在眼睑部位打上一层浅咖啡色的眼影，然后在同样的位置再打上一层略深一点的咖啡色眼影，最后在下眼线上描出一道淡淡的咖啡色眼影。这样整个眼影部分的塑造就完成了，和棕色的眼珠配合在一起非常和谐。

睫毛膏是塑造明亮眼妆的关键。刷睫毛时也有一个技巧，那就是上睫毛可刷颜色深一点的睫毛膏，下睫毛可用颜色浅一点的睫毛膏，这样的搭配组合，会让眼睛看起来更明亮有神。为了让妆容看起来清新，眼线就可以不用画了。

4. 腮红要自然

腮红可以修饰面颊轮廓，塑造出健康肤色，或者可爱或者阳光的妆容。即使追求最干净透明的裸妆效果，也千万不要遗漏腮红这一步。化妆师可以用粉红色的腮红来修饰脸色与脸型。用大号粉刷将胭脂打在两侧面颊上，刷子越大，刷出的颜色越自然。为了体现肌肤质感，还可以用润肤液轻拍面颊，创造无痕妆容。

5. 唇彩要晶莹

唇彩的化妆最简单。选择一款光泽度很高的透明或者粉色唇彩，制造出一种水润的裸妆效果即可。

6. 发型速配

裸妆最速配的发型是马尾辫，一是干净，二是利落，给人非常自然健康的印象。即使是直发，只要高高扎起马尾辫，也能和裸妆配合得天衣无缝。

清新、略带蓬松随意的卷发也是不错的选择，可以让人看起来更有韵味，不过即使是蓬松，也一定是整齐式的蓬松，裸妆不适合凌乱的发型。

7. 服饰速配

因为裸妆自然清透的特点，可以搭配任何风格的服饰。晚装打扮或休闲装都可以与裸妆相得益彰。不过，太过华丽的色彩与服装会让裸妆黯然失色，需要配合服装的色彩对妆面的色彩与浓度做少许调整。

四、技能操作

根据顾客制订生活妆方案

任务二　生活裸妆的塑造

一、任务描述

掌握裸妆的特点和化妆技巧。

二、任务分析

对被服务者进行生活裸妆的塑造，使其妆容精致、清新、典雅。

裸妆妆容塑造

三、任务实施及相关知识

生活妆中的裸妆技法，底色要薄，强调肤色的自然光泽，用色简单，色彩的晕染与线条的描画要柔和在日妆中，一般无须刻意修饰鼻子。

知识拓展

裸妆塑造的小秘诀

① 虽然裸妆中的底妆部分，建议以薄透、自然的妆效为主，但也不要选用太白的底妆颜色，那只会让人看起来像戴了面具般不自然。此外，如果顾客的脸上有瑕疵也不能放任不管，化妆师只需在打完底妆后，用遮瑕膏在这些瑕疵部位稍加遮盖即可。

② 选择粉底时，首先看重持久度与保湿度，含有保湿成分的粉底可以给肌肤最好的呵护，让肌肤看起来饱满有光泽。如果顾客的肌肤很干，化妆师可在上粉底时，在粉底液中加入些许保湿液，如此才会让粉底的妆效显得更加薄透，也更服帖。

③ 推匀粉底时，先在两颊、额头、鼻头、下巴处点上粉底液，用海绵或指腹以圆圈方式向四周推匀，建议容易出油的"T"字部位则以按压的方式来上妆。

④ 在画完眼线后，可用棉棒或小刷子轻轻晕染之前画过的眼线，如此才会有晕开眼线的效果，看起来也显得自然。或者直接用眼影粉代替眼线笔。

裸妆的妆色清淡、典雅、协调自然，化妆手法要求精致、不留痕迹，妆型效果自然生动。具体的化妆技巧如下。

第一步：在面部均匀涂抹隔离霜（图3-1）。

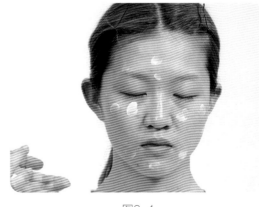

图3-1

第二步：用美妆蛋蘸取深色粉底，进行双颊修饰，用与肤色接近的粉底膏均匀地涂抹面部其他部分，使肤质细腻光滑，色泽自然（图3-2）。

第三步：用粉扑蘸取少许定妆粉进行整脸按压（图3-3）。

图3-2

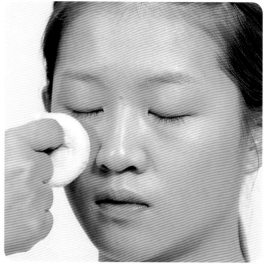

图3-3

第四步：用最小号粉底刷蘸取遮瑕膏遮盖痘印等瑕疵。

第五步：塑造眉毛底部线条，使用棕色系眉笔按照眉毛生长的方向画一条自然的眉（图3-4）。

第六步

（1）眼影塑造

眼影用色浅淡，深浅有序、过渡均匀，下眼影自然过渡。使用大号眼影刷蘸取浅色眼影在眼部打底（图3-5）。

（2）眼线塑造

上眼线要画得纤细整齐，下眼线可以省略不画或用同色眼影粉在下睫毛根部轻轻晕染，以强调眼睛的清澈透明（图3-6）。

（3）睫毛塑造

先用睫毛夹夹翘睫毛（图3-7），再用睫毛膏将夹翘睫毛定型（图3-8）。

第七步：选用粉色系腮红进行腮部塑造（图3-9）。

图3-4

图3-5

图3-6

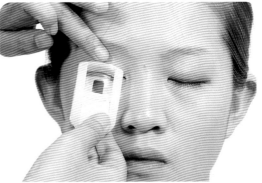

图3-7

图3-8

图3-9

第八步：用手指指腹蘸取高光粉在面部"T"字、"V"字部位提亮（图 3-10）。

第九步：选与妆色一致的唇色，盖住本来的唇色。使用唇刷蘸取唇釉滋润唇部，塑造自然的唇色（图 3-11）。

图3-10

图3-11

最后效果（图 3-12）。

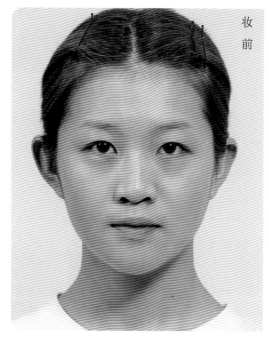 

妆前　妆后

图3-12

四、技能操作

1. 熟记本次任务的相关知识
2. 收集并掌握生活裸妆化妆造型的时尚信息
3. 独立完成整个裸妆妆面的塑造

项目二　新娘化妆

素养目标

1. 具备爱岗敬业、勤奋工作、合作互助的职业道德素质；

2. 具备良好的人文科学素养和一定的美学修养；

3. 具备独立的化妆设计能力和良好的工作态度；

4. 具备健康的身体素质、心理素质和良好的沟通协调能力；

5. 具备从事本专业领域的基本文化素质和实际工作的专业素质；

6. 具备适应社会经济发展的创新精神和创业能力；

7. 具备应知优质的服务来自对顾客的感恩、关爱及真诚的心的素养；

8. 具备应知维护顾客舒适、尊严和隐私的重要性；

9. 具备应知管理好顾客资料及相关数据的重要性；

10. 具备应知仔细聆听顾客需求，正确分析、理解顾客愿望的重要性；

11. 具备应知尊重顾客并满足其合理需求的重要性。

知识目标

1. 了解新娘化妆师岗位礼仪与服务常识；

2. 了解新娘妆的流行趋势；

3. 了解新娘化妆的流程；

4. 了解不同新娘跟妆的造型要点；

5. 了解新娘妆基本的配色原理；

6. 了解新娘妆的总体特征及规律。

技能目标

1. 能根据不同新娘风格进行化妆；

2. 能进行头饰与妆面的合理搭配；

3. 能根据新娘选择的衣服进行造型设计；

4. 具有快速补妆、换妆的能力；

5. 能掌握新娘妆的底妆处理技巧；

6. 能掌握新娘妆的五官设计处理技巧。

任务一　认知新娘化妆

一、任务描述

掌握新娘妆的分类、特点以及妆容塑造要点。

二、任务分析

通过对新娘妆的分类、特点、塑造手段的学习，给顾客塑造一个适当的新娘造型。

三、任务实施及相关知识

1. 新娘妆的分类

新娘妆是一类注重脸型和肤色的修饰，化妆的整体表现尤其要自然、高雅、喜庆，而且要塑造持久、不易脱落的妆面，重在展现新娘最漂亮动人的婚礼时刻。它应用于新娘当天的婚礼活动中，与喜庆的氛围和环境相适应，被来宾近距离地观看而不觉得过于夸张。总体要求是以色彩自然淡雅、五官轮廓立体为主，要对新娘进行专业设计，放大优点，强调个性，提升新娘的魅力。新娘妆分中式新娘妆和西式新娘妆。

① 中式新娘妆：新娘多以身着传统中式红色秀禾服、旗袍为主，营造喜庆吉祥的氛围。新娘的妆面设计应充分体现中华民族的古典美，注重表现新娘的内在气质和性格特征，塑造新娘靓丽、端庄稳重的形象。

② 西式新娘妆：在现代婚礼中，新娘往往选用西式新娘妆作为婚礼中的第一套造型，身着洁白而飘逸的婚纱，带给来宾圣洁、美丽之感。妆容应充分体现新娘的端庄、典雅，给人清新、大方的印象。

2. 新娘妆的特点

① 新娘妆要表现喜庆与高雅，以红色、橙色等暖色系为主色调。妆型端庄典雅、妩媚秀丽，凸显新娘的个性与气质美。

② 妆色符合新娘妆热情、典雅的风格，与服饰色彩协调，整体效果符合婚礼喜庆氛围。

③ 五官局部描画细腻，妆色浓淡与季节、服装质地款式协调，假睫毛粘贴牢固舒适。

④ 妆面洁净、牢固性强、左右对称，有整体感，线条描画清晰、流畅，对面部五官轮廓可作适当修饰。

3. 新娘妆的塑造

（1）底妆服帖自然

上妆前，粉底的选色很重要，在自然光下找出一种接近新娘肤色的、具有一定遮盖力的、液状的粉底，或是粉底膏。化妆时，先在海绵上蘸些化妆水，再把粉底直接倒在海绵上，利用海绵推开粉底；或者用化妆笔上粉底后，再用化妆海绵进行拍打，使粉底压实不易脱落。接着扑上一层薄薄的蜜粉，有助于固定妆容，可以根据皮肤的特点在容易出油的地方多扑一些，防止脱妆。

（2）眉毛立体有型

眉毛的修饰很简单，使用比眉色浅一号的眉粉，利用眉刷从眉头至眉尾顺向刷过，按照原有的眉形淡淡描画，可以根据眉毛的生长方向画出流毛感。眉毛的颜色与发色协调一致，强调眉毛下边缘线的清晰度，眉毛长得好的可用睫毛膏直接按照眉毛生长方向梳理。

（3）突出眼妆重点

眼部化妆强调眼影和眼线。用黑色眼线笔描画上眼线，后眼尾适当拉长或加宽。下眼线画至后眼尾向内眼角三分之二处，然后用手指指腹或棉棒轻轻晕开，看起来效果更加自然。如果睫毛浓密可以省略眼线，只在眼尾处轻扫些眼影即可。

为了强化眼型的唯美与立体，可用双眼皮贴再度刻画，眼线的长度加长加宽后，用棉棒晕染开，加上合适的眼影，制造眼部深邃感、层次感。仿真假睫毛的添加会将眼妆造型塑造得完美极致。

（4）睫毛清晰整洁

清亮的眼神需要纤长的睫毛陪衬，避免使用超浓密的睫毛膏，因为涂不好会出现"苍蝇腿"的蹩脚效果。准备大小不一的两个睫毛夹，先用大号的睫毛夹夹卷整个睫毛，再用小号的睫毛夹将眼角不易夹到的睫毛夹翘。使用浓密型的睫毛膏来刷下睫毛是令双眸特别有神采的秘诀。

（5）打造流行唇妆

根据新娘的唇形、唇色选择唇膏色彩，双唇要选择接近唇色的液体唇膏，不必勾勒出明显的唇线，然后轻轻点上无色但闪亮的唇彩，修饰轮廓，结合当下流行的咬唇、雾感唇、玻璃唇，弱化唇线。唇珠、唇峰由内而外选用透肉色，在视觉上增强无妆印象。

（6）巧用饰品

饰品是辅助快速变换发型的点睛之笔。同样的发型戴大小不同、质感不同、元素不同的饰品会有意想不到的感官效果。巧妙地戴饰品是"哪缺补哪，哪低补哪"最好的法宝。切记饰品宁缺毋滥，避免画蛇添足。

（7）服饰速配

新娘化妆的灵感源自新娘的气质、风格，以及自身特质，而服装的款式及设计风格决定了妆面的浓重程度。红的礼服可以夸大造型设计感，但在用色上尽量以清淡为宜。白纱礼服的腮红、口红近似裸色反而会升华新娘妆的意境，突出服饰的柔美浪漫。

（8）配饰点睛

配饰是新娘整体造型中的"点睛之笔"，新娘配饰包括头花、项链、耳环、手镯、戒指、额链、头纱、手套、婚鞋、袜子等。可分为实用性、观赏性、装饰性三种，比如，袜子、婚鞋具有实用性，头纱、额链具有观赏性，项链、耳环具有装饰性。配饰不仅能增添魅力，张扬个性，而且能通过配饰的造型及特殊的寓意与象征，来折射新娘的文化品位和审美价值甚至是社会地位。

四、技能操作

1. 熟记本次任务的相关知识

2. 分析中式新娘与西式新娘造型的区别

任务二　中式新娘化妆整体打造

一、任务描述

掌握中式新娘妆的特点。中式新娘妆的特点为喜庆与古典，以红色、橙色等暖色系为主色调。妆型端庄典雅、妩媚秀丽，凸显中华民族的古典美。

在模拟环境中，能准确使用化妆用具和用品，依据新娘的面部骨骼、肌肉与面型特征，深入进行面部五官的修饰，完成中式新娘妆化妆过程。

二、任务分析

妆面符合中式新娘妆热情、典雅的风格，妆色与服饰色彩协调，整体效果符合中式婚礼喜庆氛围。五官局部描画细腻，妆色浓淡与季节、服装质地款式协调，假睫毛粘贴牢固舒适。妆面洁净、牢固性强、左右对称，有整体感，线条描画清晰、流畅，对面部五官轮廓可作适当修饰。

三、任务实施

第一步：用棉片清洁皮肤，使其干净（图3-13）。

第二步：用适当的隔离乳均匀涂抹面部，薄厚适中（图3-14）。

第三步：根据标准眉形要求，使眉毛修理得整齐对称（图3-15）。

第四步：修饰肤色，只有底妆与肤色协调，才会自然、润泽、服帖（图3-16）。选择化妆刷上妆后，用化妆海绵压实，使妆感厚薄适中。

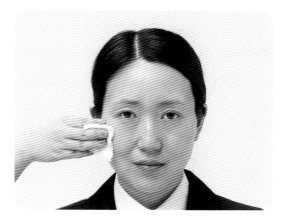

图3-13

图3-14

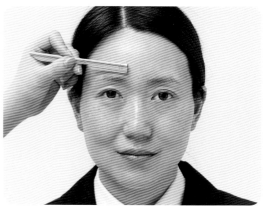

图3-15

第五步：所选的定妆粉与肤色协调，在局部出油部位可以多定妆几次（图3-17）。

图3-16　　　　　　　　　　　　　　　　图3-17

第六步：描画眉毛，使眉形生动自然，与妆型、肤色、发色、妆色协调，浓淡适中，左右对称，无生硬感（图3-18）。

第七步：涂眼影，眼影色彩要柔和，与肤色、服装色协调，眼影晕染过渡自然、细腻，增加眼部神采（图3-19）。

图3-18　　　　　　　　　　　　　　　　图3-19

第八步：画眼线，眼线要自然柔和，整齐流畅，与眼形协调（图3-20）。

第九步：夹睫毛，使睫毛自然弯曲上翘（图3-21）。

图3-20　　　　　　　　　　　　　　　　图3-21

第十步：粘贴假睫毛，选择自然单簇的假睫毛，一根根地粘贴在上下睫毛根部，放大眼睛轮廓，增加眼部神采度（图3-22）。

第十一步：粘贴美目贴，调整眼形与双眼皮宽度，使眼部更生动对称（图3-23）。

图3-22   图3-23

第十二步：涂睫毛膏，涂刷均匀，将真假睫毛融合到一起（图3-24）。

第十三步：修饰面颊轮廓，能较好地表现健康状况，效果自然，面颊红与肤色、妆色协调（图3-25）。

图3-24   图3-25

第十四步：修饰嘴唇，唇线线条清晰流畅，用唇膏（彩）涂抹唇部，使唇色圆润饱满，浓淡适中（图3-26）。

第十五步：涂抹侧影，修饰脸型轮廓，使面部立体感加强（图3-27）。

图3-26   图3-27

第十六步：进行妆面检查，最后调整，定型（图3-28）。

妆前　妆后

图3-28

四、技能操作

1. 熟记本次任务的相关知识
2. 收集并掌握中式新娘化妆的时尚信息
3. 分小组，两个人对画练习妆容

任务三　西式新娘化妆整体打造

一、任务描述

掌握西式新娘妆的特点。西式新娘妆的特点为喜庆与柔和，以暖色或柔和的冷色为主。妆型圆润、柔和，充分展示新娘端庄、典雅、大方之美，妆色浓度介乎于浓淡妆之间。

在模拟环境中，准确使用化妆用具和用品，依据新娘的面部骨骼、肌肉与面型特征，运用色彩搭配知识，深入进行面部五官的修饰，完成西式新娘妆化妆过程。

二、任务分析

妆面符合西式新娘妆清新、端庄的风格，妆色与服饰色彩协调，整体效果符合婚礼喜庆氛围。五官局部描画细腻，妆色浓淡与季节、服装质地款式协调，假睫毛粘贴牢固舒适。妆面洁净、牢固性强、左右对称，有整体感，线条描画清晰、流畅。对面部五官轮廓可做适当修饰。

三、任务实施

第一步：用棉片清洁皮肤，使其干净。

第二步：用适当的隔离乳均匀涂抹面部，薄厚适中。

第三步：根据标准眉形要求，使眉毛修理得整齐对称。

第四步：修饰肤色，只有底妆与肤色协调，才会自然、润泽、服帖。选择化妆刷上妆后，用化妆海绵压实，使妆感厚薄适中。

第五步：所选的定妆粉与肤色协调，在局部出油部位可以多定妆几次。

第六步：描画眉毛，使眉形自然平直，与妆型、肤色、发色、妆色协调，浓淡适中，左右对称，无生硬感。

第七步：涂眼影，眼影色彩要淡雅，与肤色、服装色协调，眼影晕染有层次，增加眼部神采。

第八步：画眼线，眼线要自然上扬，粗细适当，与眼形协调。

第九步：夹睫毛，使睫毛自然弯曲上翘。

第十步：粘贴假睫毛，选择自然单簇的假睫毛，一根根地粘贴在上下睫毛根部，放大眼睛轮廓，增加眼部立体度。

第十一步：粘贴美目贴，调整眼形与双眼皮宽度，使眼部更生动对称。

第十二步：涂睫毛膏，涂刷均匀，将真假睫毛融合到一起。

第十三步：修饰面颊轮廓，能较好地表现健康状况，效果自然，面颊红与肤色、妆色协调。

第十四步：修饰嘴唇，唇线线条清晰流畅，用唇膏（彩）涂抹唇部，使唇色圆润饱满，浓淡适中。

第十五步：涂抹侧影，修饰脸型轮廓，使面部立体感加强。

第十六步：进行妆面检查，最后调整，定型（图3-29）。

妆　　　妆
前　　　后

图3-29

四、技能操作

1. 熟记本次任务的相关知识

2. 收集并掌握西式新娘化妆的时尚信息

3. 分小组，两个人对画练习妆容

项目三　晚宴宴会化妆

素养目标

1. 具备一定的审美与艺术素养；
2. 具备正确的艺术创作观；
3. 具备一定的与人沟通能力；
4. 具备良好的职业道德精神；
5. 具备敏锐的观察力与快速应变能力；
6. 具备了解顾客化妆禁忌证以及原因的重要性；
7. 具备了解身体和生活方式健康与否对美容护理效果的影响；
8. 具备了解所有护理及服务细节对提升顾客满意度的重要性。

知识目标

1. 了解女性晚宴化妆的特点和注意事项，能分析不同场合女性造型的特点；
2. 掌握晚宴化妆女性形象设计的基本概念、各个基本要素；
3. 掌握各种妆容的内涵与化妆技巧的灵活运用，为今后的工作奠定坚实的基础。

技能目标

1. 掌握晚宴化妆妆型的底色与脸型轮廓修饰技巧，能对问题性皮肤进行局部遮瑕；
2. 根据顾客自身的五官特点、气质条件要求进行妆面设计，掌握五官局部矫形化妆技巧。

任务一　认知晚宴妆

一、任务描述

了解晚宴妆的基本概念，掌握晚宴妆的不同分类、主要特点与造型要素。

二、任务分析

对被服务者进行晚宴妆塑造，使其妆容华丽高贵，气质鲜明。

三、任务相关知识

晚宴妆主要用于夜间的宴会场合，这种宴会场合通常灯光比较强且环境较为高档，服饰上也会比较得体和相对华丽，因此晚宴妆强调华丽高贵，气质鲜明。

晚宴妆按照使用场合分，可以有以下几种类别。

① 公务型晚宴妆：这类妆容针对比较正式与严肃的宴会，通常需要得体合宜的造型，不宜夸张，在线条上要注意柔和自然，妆色宜选择含蓄、典雅、温和、中低明度和纯度的色彩，用以塑造端庄高贵的形象。

② 派对型晚宴妆：这类场合的晚宴通常气氛活跃，约束力较少，场面较为轻松、热烈，通常是酒会或相对自由的宴会形式，这种情况下的妆型可以较为随意并富有创意性，造型上可以适度夸张，面部描画的线条也可以相对富有个性，妆色可选择时尚流行色彩，塑造或轻松浪漫或冷艳妩媚的形象，但是仍然不可过于怪异。

③ 另类型晚宴妆：适用于风格各异的舞会，在造型上相对比较自由，可以根据造型对象的个人特点和舞会的主题，发挥大胆的想象，标新立异，通常采用强对比的色彩和夸张的线条，以及带闪光的装饰性化妆品来表现热情活泼的气氛，以突出化妆对象的个性特征。

④ 比赛型晚宴妆：晚宴化妆是各类化妆赛事中常见的一个重要项目，用于参赛的晚宴妆与日常晚宴妆可以有较大的区别，为了适应赛场上强烈的灯光环境，可以选择较为艳丽的妆色，妆型强调高雅和华贵的特点，并需要有较好的舞台效果，可以适当增加带闪光的色彩，以更加突出舞台氛围。同时要做到兼顾远近的距离：近距离观赏时，妆容要柔和细腻；远距离欣赏时要有整体感和突出的大效果，醒目、高贵，能引人注目。

四、技能操作

1. 熟记本次任务的相关知识
2. 比较不同晚宴妆的特点

任务二　晚宴妆妆容塑造

晚宴妆
妆容塑造

一、任务描述

　　掌握平面底妆塑造，立体修容、定妆，画眼妆，眉毛处理，粉状修容、打腮红，打造唇妆的基本步骤。

二、任务分析

　　通过对晚宴化妆具体步骤的演示与讲解，掌握打造晚宴妆的完整过程，并能动手运用。

三、任务实施

1. 平面底妆塑造

　　第一步：先用棉片蘸取适量妆前水擦拭皮肤至完全吸收，其次涂乳液，最后进行修眉（图3-30）。

　　第二步：用不同色号的修容膏或者修容液对皮肤表面的颜色作均匀处理（图3-31）。

　　第三步：选用适合顾客肤色的粉底液或者粉底膏打底（图3-32）。

　　第四步：将遮瑕膏与粉底融合在一起处理面部瑕疵（图3-33）。

图3-30

图3-31

图3-32

图3-33

2. 立体修容、定妆

第一步：进行面部高光修容（图3-34）。

第二步：进行面部阴影修容，用点按的手法将高光与阴影糅合在一起（图3-35）。

第三步：采用蜜粉定妆（图3-36）。

3. 眼妆塑造

（1）画眼影

小烟熏、渐层法等符合晚宴妆的特点，不宜过于夸张（图3-37）。

图3-34

图3-35

图3-36

图3-37

眼影晕染均匀，无分界线（图 3-38）。

采用眼影的色彩突出眼妆立体感（图 3-39）。

图3-38

图3-39

（2）画眼线

画出内眼线，均匀无缝隙（图 3-40）。

根据对眼睛形状的需求，画出一条流畅的线条（图 3-41）。

图3-40

图3-41

（3）贴假睫毛

夹翘本身睫毛接近 90°，刷上睫毛定型液，粘贴一对符合晚宴效果的假睫毛（图 3-42）。

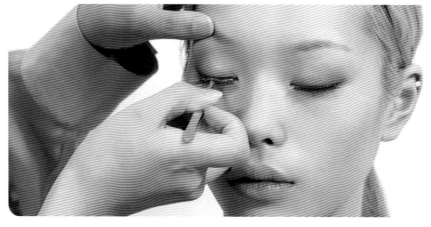

图3-42

抹睫毛胶水，将假睫毛自然重合在本身睫毛上（图3-43）。

用画"Z"字和"I"字的方式刷上睫毛膏（图3-44）。

图3-43

图3-44

4. 眉毛塑造

眉毛的处理上，可强调眉底线，但要求既符合脸型，又要体现眉毛的虚实感及立体效果（图3-45）。

5. 粉状修容、腮红塑造

腮红用暗色结构式打法，强调面部立体感（图3-46、图3-47）。

图3-45

图3-46

图3-47

6. 唇妆塑造

唇妆选用低饱和度、高明度的颜色，如暗红色、深红色、棕红色，但一定要注意与礼服颜色协调（图3-48）。

图3-48

最后效果（图 3-49）。

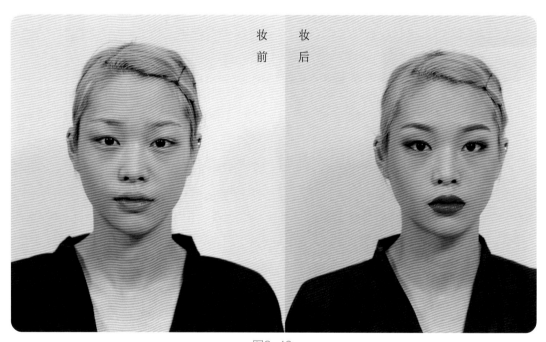

妆前　妆后

图3-49

四、技能操作

在规定时间内，独立完成晚宴妆

时尚摄影化妆

项目四

素养目标

1. 具备一定的审美与艺术素养；

2. 具备正确的艺术创作观；

3. 具备一定的与人沟通能力；

4. 具备良好的职业道德精神；

5. 具备较强的创新思维能力；

6. 具备为顾客提供最轻松、舒适和吸引人的服务环境的能力；

7. 具备每项化妆工作结束及时清洁工作区域及用品用具的意识；

8. 具备与行业相关的法律法规、健康、安全和卫生知识。

知识目标

1. 了解女性时尚摄影化妆的特点和注意事项，能分析女性人物造型的特点；

2. 掌握时尚摄影化妆女性形象设计的基本概念、各个基本要素。

技能目标

1. 掌握时尚摄影化妆妆型的底色与脸型轮廓修饰技巧，能对问题性皮肤进行局部遮瑕；

2. 根据顾客自身的五官特点、气质条件要求进行妆面设计，掌握五官局部矫形化妆技巧。

任务一 认知时尚摄影妆容

一、任务描述

了解时尚摄影妆容的定义，掌握时尚摄影妆容的主要特点。

二、任务分析

通过对时尚摄影妆容概念的认识，掌握时尚摄影妆容的定义与特点，以及根据不同的妆容来进行打造的基本手法。

三、任务相关知识

时尚摄影化妆用于时尚摄影工作，时尚摄影最常见于广告或时尚杂志，随着时间的推移，时尚摄影已经建立了自己的审美观（图3-50、图3-51）。化妆师为能诠释更好的个性彩妆作品，利用多样化的化妆手段进行彩妆造型设计，运用夸张的线条和色彩来表现作品的绚丽特点；模特致力于展示服装及其他时尚物品，因此妆容时尚绚丽，和展示的其他时尚物品的时尚度一致。

图3-50

四、技能操作

要求：设定主题进行时尚摄影造型设计

1. 了解拍摄的时尚摄影妆容的主题
2. 了解拍摄模特以往的妆容造型风格
3. 提前准备模特妆容塑造过程中可能用到的造型材料及使用规范

图3-51

任务二　时尚摄影妆容塑造

一、任务描述

掌握时尚摄影妆容的眼影塑造、面部整体修容、唇妆塑造步骤。

二、任务分析

通过对时尚摄影妆容化妆过程的分步解析，掌握一个完整的时尚摄影妆容的打造流程，并能实际操作。

三、任务实施

1. 底妆塑造

（1）修眉

使用消毒后的修眉刀进行修眉，修出想要的眉形（图3-52）。

（2）上妆前水

用化妆棉浸满妆前水，用手拿住化妆棉按压上脸（图3-53）。

时尚摄影
妆容塑造

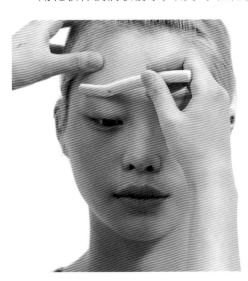

图3-52

图3-53

（3）上乳液

用手指指腹蘸取乳液，点在模特脸上，并用双手均匀推开（图3-54、图3-55）。

（4）底妆隔离步骤

① 用手指指腹涂抹毛孔隐形膏，方向从面部中间向外（图3-56）。

② 用橘色或者黄色的遮瑕膏来遮盖黑眼圈（如果肤色较深或者黑眼圈较深，那么使

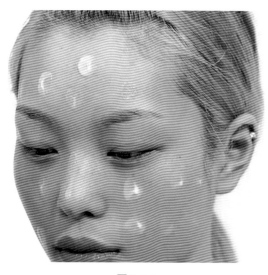

图3-54

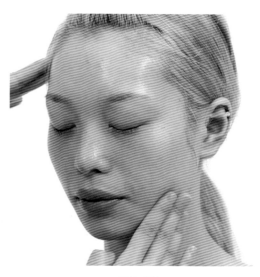

图3-55

用的遮瑕膏颜色偏橘色，反之就偏黄色）；使用手指点涂手法，手指恒温会使遮瑕膏更加服帖自然，强效遮瑕（图3-57）。

　　③ 此处可以使用绿色隔离霜调整痘痘和痘印的颜色，也可以用隔离霜对鼻翼周围、黑头部分进行遮盖。工具使用小号粉底刷（也可以用眼影刷），特别要注意的是隔离霜的使用量尽量少。

图3-56

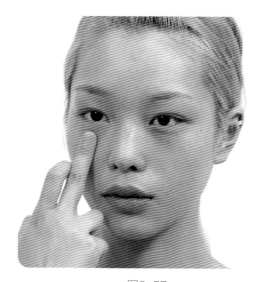

图3-57

（5）底妆修容

因为时尚摄影妆容是在高强光下进行拍摄，所以尤其要注意面部轮廓的塑造。

将亚光遮瑕粉底液调出与模特肤色相符的颜色，进行基础底妆修饰，平面打底。

① 使用粉底刷刷上粉底液（图3-58、图3-59）。

② 使用美妆蛋均匀推开粉底液（图3-60、图3-61）。

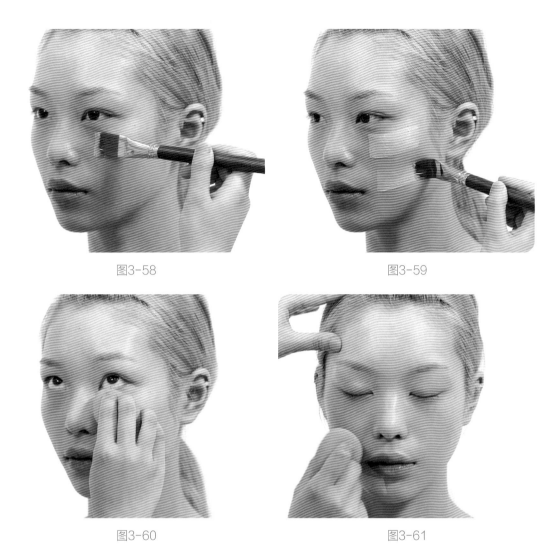

图3-58

图3-59

图3-60

图3-61

（6）定妆

用散粉刷蘸取散粉进行整脸定妆，注意眼角、嘴角、鼻翼处要多扫几次，手法不宜过重，最后达到亚光的定妆效果（图 3-62、图 3-63）。

图3-62

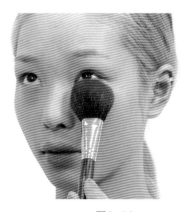

图3-63

（7）面部修饰

定妆结束后，用阴影修容粉进行修饰，塑造面部轮廓立体感（图3-64、图3-65）。

图3-64

图3-65

2.眉毛塑造

在眉毛的处理上，可强调眉底线，但要求既符合脸型，又要体现眉毛的虚实感及立体效果。

塑造的眉毛在符合整体妆容效果的基础上，还要画得干净、立体，有美感。

① 使用眉刷按照眉毛的生长方向梳理眉毛（图3-66）。

② 塑造眉毛底部线条（图3-67）。

图3-66

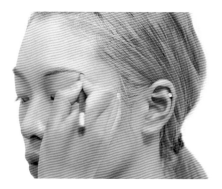

图3-67

③ 用眉笔塑造眉毛整体线条（图3-68、图3-69）。

图3-68

图3-69

④ 用修容笔将眉毛周围修饰干净（图 3-70、图 3-71）。

図3-70　　　　　　　　　　　　　図3-71

⑤ 使用眉笔，让左右眉毛形状一致（图 3-72）。
⑥ 使用眉膏，让眉毛形状更加立体（图 3-73）。

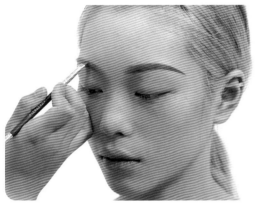

図3-72　　　　　　　　　　　　　図3-73

⑦ 再次修饰眉头，让眉头线条清晰（图 3-74）。
⑧ 眉毛塑造完毕（图 3-75）。

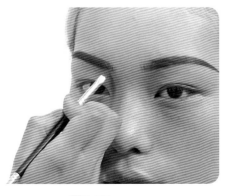

図3-74　　　　　　　　　　　　　図3-75

3. 眼妆塑造

眼妆是整个妆容的重点，所以在刻画时要精致细腻。

（1）眼影塑造

眼影结构及颜色的选择：三段式，银色、深蓝色、黑色。

眼影晕染均匀，无分界线。

利用色彩对比和明暗突出眼妆立体感。

眼妆塑造步骤如下。

① 用浅色眼影在眼部上下眼睑打底（图3-76、图3-77）。

图3-76

图3-77

② 用深蓝色眼影在眼尾做眼影结构（图 3-78、图 3-79）。

图3-78

图3-79

③ 用粉底膏将前眼部分再次遮盖（图 3-80、图 3-81）。

④ 用珠光色眼影将前眼部分刷满（图 3-82）。

⑤ 提亮前眼角（图 3-83）。

图3-80　　　　　　　　　　　　　　图3-81

图3-82　　　　　　　　　　　　　　图3-83

（2）眼线塑造

眼线要求干净而流畅，和模特的眼形完全贴合。

先画出内眼线，均匀无缝隙；根据对眼睛形状的需求，画出一条流畅的线条（图 3-84～图 3-86）。

图3-84

图3-85

图3-86

（3）贴假睫毛

① 夹卷真睫毛（图 3-87、图 3-88）。

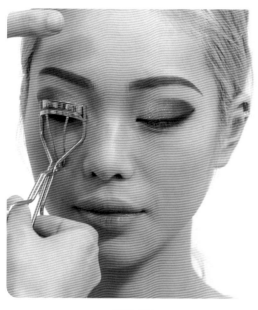

图3-87

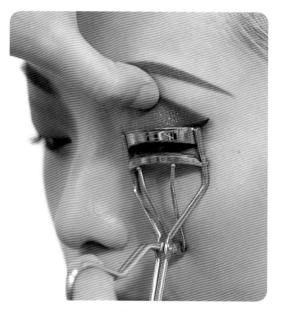

图3-88

② 取一副符合时尚摄影妆容效果的假睫毛，修理成型，在根部涂上睫毛黏合胶水（图 3-89）。

③ 粘贴假睫毛（图 3-90）。

④ 涂睫毛膏，并进行真假睫毛的黏合（尤其要注意真假睫毛的黏合）（图 3-91、图 3-92）。

（4）唇妆塑造

唇色、唇形应与整体妆容和造型设计协调。

① 唇妆使用紫蓝色唇釉进行刻画，整体给人呈现一种时尚、大气的感觉（图 3-93）。

② 使用修改笔进行唇边缘修饰（图 3-94）。

图3-89

图3-90

图3-91

图3-92

图3-93

图3-94

③ 使用亮粉再次修饰唇部（图3-95）。

（5）粉状修容、高光打造

面部高光应根据妆容特点进行打造，阴影高光在原有的立体打底的基础上再次强调面部的轮廓感、立体感。

① 修饰鼻侧影（图3-96）。

② 高光提亮"T""V"部分（图3-97）。

最后效果（图3-98～图3-100）。

图3-95

图3-96

图3-97

图3-98

图3-99

图3-100

四、技能操作

1. 熟记本次任务的操作流程

2. 收集并掌握时尚摄影的最新造型

3. 分小组，两个人对画练习妆容

艺术化妆与项目实训

艺术妆包括创意妆、舞台妆等。这类妆容通常以夸张的立体五官结构和强对比的色彩对面部妆容进行塑造，突出个性妆容，一般搭配夸张的造型饰品，视觉冲击力强烈，以便突出创意思维和舞台氛围，主要用于技能大赛、技术交流会、技能考试或者特殊主题的舞台演出等场合。

项目一 创意妆

素养目标

1. 具备正确的艺术创作观；

2. 具备劳动精神和工匠精神；

3. 树立和践行社会主义核心价值观；

4. 具备弘扬中国传统文化的艺术能力和增强文化认同感的能力；

5. 具备较强的创新思维能力；

6. 具有较高的对艺术妆的审美能力。

知识目标

1. 掌握创意妆的总体特征及造型规律；

2. 掌握创意妆的化妆和饰品配色理论知识。

技能目标

1. 能掌握创意妆的底妆处理技巧；

2. 能掌握创意妆的眼妆处理技巧；

3. 能掌握创意妆腮部、唇部等彩妆色彩搭配技巧。

任务一 认知创意妆

一、任务描述

学习创意妆的定义、妆面特点和世界技能大赛美容项目中面部美化考核的知识点。

二、任务分析

通过对创意化妆各个知识点的学习，从而完成一个具有创意、突破传统、视觉冲击强的艺术创意作品。

三、任务相关知识

1. 创意妆的定义

创意妆指的是把许多外界元素加入妆面上达到更好的创意效果，来实现全新的化妆理念。画好创意妆，是在化妆的基础上与新的时尚元素结合统一，充分体现化妆作品的创意特点。它突破了传统的化妆理念，是时尚且反常规的，有独特的创意题材，给人一种与众不同的视觉冲击。

2. 创意妆妆面的特点

① 在视觉上具有强烈冲击的色彩搭配，如艳丽的狂野色彩、强对比色变化。

② 妆面有的只突出局部，有的要求整体协调；妆面与服装、饰品的色彩相协调。

③ 在形体构造上对材料或造型进行基本调整。如发型可做不对称的，饰品可用特殊的材质等。

3. 世界技能大赛美容项目中面部美化相关考核内容

因每届世界技能大赛考核内容有所调整，表 4-1 仅供参考。

表4-1

面部护理及美化
·美容师、顾客和工作区域的准备方式及标准
·面部、头部解剖学和生理学等医学基础知识
·化妆品及其成分的作用、使用方法和禁忌
·不同类型皮肤的分析、判断及不同的护理方法
·根据顾客实际情况制订合理的护理方案
·皮肤护理的禁忌证及其影响，以及如何修复治疗
·使用和维护电疗仪器时谨记安全步骤及规范操作的重要性
·眼部周围使用化妆品的方法和禁忌
·不同个性及脸型、眼型和唇型的化妆及修饰技巧
·不同类型和颜色的彩妆能达到或呈现的理想妆效
·化妆的新技术、新产品及时尚流行趋势

面部护理及美化
·采用目测、触摸、仪器等检测方法对皮肤进行分析和判断
·进行完整的皮肤分析，为不同皮肤类型选择不同的产品
·制订科学的护理计划并能有效实施
·护理过程始终保持顾客安全与舒适，保护顾客隐私
·电疗前做好自己和顾客皮肤测试并用正确方法操作
·以正确的方法染眉、染睫毛、修眉以满足顾客个性化需求
·为不同场合的活动化妆
·嫁接及粘贴不同样式假睫毛（条状、簇状、单根）

四、技能操作

要求：设定主题进行创意妆造型设计

1. 了解拍摄的创意妆妆容的主题

2. 了解拍摄模特以往的妆容造型风格

3. 提前准备模特妆容塑造过程中可能用到的造型材料及使用规范

任务二　创意妆妆容塑造

一、任务描述

掌握创意妆的眼影彩绘塑造、面部整体修容、唇妆塑造步骤。

二、任务分析

通过对创意妆化妆过程的分步解析，掌握一个完整的创意妆妆容的打造流程，并能实际操作。

三、任务实施

1. 底妆塑造

要点：明暗关系、立体，突出结构。

① 做好妆前隔离后，用自然色粉底全脸打底（注意不要忽略颈部打底）（图4-1、图4-2）。

图4-1

图4-2

图4-3

② 用海绵将粉底均匀推开压实（图4-3）。

③ 用浅一色号的粉底提亮"T"字、"V"字部位，并且底妆用海绵多次按压，使粉底更服帖（图4-4～图4-7）。

④ 用大号粉刷蘸取散粉定妆，并用粉底刷蘸取散粉在眼周定妆（图4-8、图4-9）。

⑤ 用双修粉修饰两侧鼻侧影及高光（图4-10、图4-11）。

创意妆
妆容塑造

面部轮廓双修
与腮部修饰

图4-4

图4-5

图4-6

图4-7

图4-8

图4-9

图4-10

图4-11

⑥ 用深色双修粉修容，重点修饰鼻侧影（图 4-12）。

⑦ 用修容刷修饰面颊两侧及发际线（图 4-13、图 4-14）。

图4-12

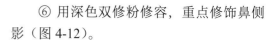

图4-13

2. 腮部修饰

用浅色珠光腮红进行面颊、颧骨、太阳穴、额角的"C"形修饰（图 4-15 ～ 图 4-17）。

图4-14

图4-15

图4-16

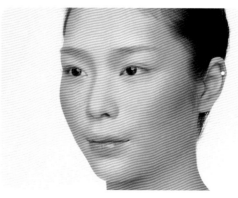

图4-17

3. 眼部塑造

① 用黑色眼线膏在眼部画一个粗眼线（图 4-18）。

② 用黑色眼线粉在眼睛根部向外晕染一个大烟熏（图 4-19）。

③ 用蓝色珠光眼影叠加在烟熏外侧，包括下眼影（图 4-20 ～ 图 4-22）。

图4-18

图4-19

图4-20

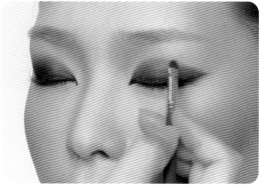

图4-21

图4-22

4. 彩绘塑造

① 用黑色眼影粗略勾勒出彩绘轮廓线条（图 4-23）。

② 用蓝色珠光眼影晕染（图 4-24）。

图4-23

图4-24

图4-25

③ 用黑色眼线膏塑造立体明暗效果（图 4-25）。

④ 用亚光绿色眼影进行渐变晕染（图 4-26、图 4-27）。

⑤ 将准备好的假睫毛贴合在睫毛根部（图 4-28、图 4-29）。

⑥ 用蓝色眼影画出创意眉型（图 4-30～图 4-32）。

图4-26

图4-27

图4-28

图4-29

图4-30

图4-31

图4-32

⑦ 用睫毛夹粘贴下睫毛（图 4-33、图 4-34）。

图4-33

图4-34

⑧ 刷上睫毛膏，使真假睫毛贴合（图 4-35）。

⑨ 用白色眼影膏画出下睫毛造型（图 4-36）。

图4-35

图4-36

5. 唇部塑造

① 用唇线笔勾勒出唇形（图 4-37）。

② 用唇膏均匀地涂满唇部（图 4-38）。

图4-37

图4-38

③ 用棉签修饰唇周围（图 4-39、图 4-40）。

图4-39

图4-40

④ 为彩绘修饰高光（图 4-41、图 4-42）。

图4-41

图4-42

最后效果（图 4-43）。

妆前

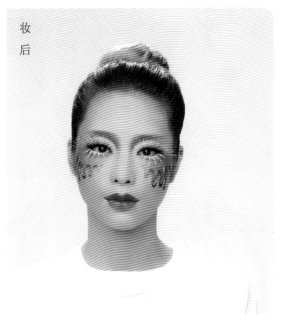
妆后

图4-43

四、技能操作

1. 了解世界技能大赛中创意造型的考核标准
2. 进行创意造型实训练习

项目二 | 舞台妆

素养目标

1. 具备正确的艺术创作观；
2. 具备以专业、安全、卫生的方式为顾客提供服务的能力；
3. 具备较强的创新思维能力；
4. 具备劳动精神和工匠精神；
5. 自始至终观察顾客反应并进行无微不至的照顾；
6. 具有较高的对舞台妆的审美能力。

知识目标

1. 掌握舞台妆的总体特征及造型规律；
2. 掌握舞台妆的化妆理论知识。

技能目标

1. 能掌握舞台妆的底妆处理技巧；
2. 能掌握舞台妆的眼部和眉毛的处理技巧；
3. 能掌握舞台妆腮部、唇部等彩妆色彩搭配技巧。

任务一 认知舞台妆

一、任务描述

学习塑造各种舞台剧、影视剧中人物形象的舞台妆。

二、任务分析

通过分析舞台剧、影视剧中一个特定角色的身份、地位、个性，从而塑造一个在造型上完美贴近角色的人物形象妆容。

三、任务相关知识

1. 舞台化妆

在舞台剧或影视剧中，演员是去扮演一个特定的角色，化妆的目的是努力使演员在外形上接近这一角色，因此在化妆前，化妆师必须首先深入分析每一个角色的身份、地位、个性等，再进行人物形象的设计。一个演员常常要扮演各种不同的角色，而化妆师就必须让他（她）演什么像什么，做到"一人千面"。

舞台化妆是塑造人物形象的艺术手段，一是以美化对象的仪表为目的的，二是以塑造角色的外貌形象为目的。这类化妆需要根据剧本或剧中的要求，按照角色的身份、年龄、民族、所处时代、性格等因素塑造角色的外部形象。由于剧种、剧目和导演的要求不同，化妆的手法样式也各有差异，产生的效果也各不相同。其中既有夸张性、装饰性、寓意性，也有象征性。

2. 世界技能大赛的技术要求

因每届世界技能大赛考核内容有所调整，以下内容仅供参考。

参赛选手自备工具产品清单

选手自备工具产品清单		
品名	数量	备注
选手自带工具产品清单	1份	裁判检查工具时出示
美容美体及通用物品：眼贴（用棉卷纸剪裁）、双氧水和白凡士林	1套	
染膏刷、修眉镊子、螺旋刷	若干	染睫毛、眉毛，修眉
计时器	1个	个人计时用
签字笔	1支	填写皮肤分析表用
垫枕	1个	根据模块需要使用
消毒湿巾、抽纸、美容胶手套、发带、浴帽	若干	各模块用
小方巾、中毛巾、一次性珍珠棉（按照规定数量携带）	20张	美体磨砂（6张小方巾）、磨砂体膜（10张珍珠棉）、美容（2张珍珠棉）、足部（2张珍珠棉）

续表

选手自备工具产品清单		
棉质浴袍、一次性乳贴、低腰底裤、一次性棉拖鞋	若干	赛前模特自带到现场，除裤子外其余物品统一为白色
棉签、棉片、垫纸、垃圾袋	若干	物品统一为白色，棉片为标准尺寸，不大于7厘米×7厘米
面膜刷、体膜刷、洁面海绵、体膜碗、体膜取物勺、产品取物勺，小碗、大碗、剪刀、存放工具的相关物品	1套	大、小碗若干，洁面海绵两对
塑料围裙、身体包裹锡纸	若干	美体模块使用
种植睫毛：镊子、假睫毛（C型，0.15毫米，8～12毫米）、胶水、清洁剂、胶带、眼贴、卸胶膏、胶水戒指托	1套	睫毛及胶水品牌：WORLD LASH（睫毛世界）工具品牌不限
手足护理：底油（NTT10）、亮油(NTT30)、粉色甲油（NLH19）、白色甲油（NLL00）、红色甲油(NLN25)，足部磨砂膏、按摩膏、足膜	1套	甲油品牌：O·P·I 无辅助性工具 足部护理产品品牌：西黛
指甲刀、指皮推、指皮剪、砂条、海绵挫、桔木棒、脱脂棉、粉尘刷（牙刷式）、泡手碗、脚搓板、软化剂、洗甲水、消毒浴盐、足膜刷、塑料袋	1套	品牌不限 工具数量不限 砂条、海绵挫、抛光条、脚搓板等非金属工具必须使用新的。桔木棒可以有棉花
脱毛：脱毛前后产品、脱毛棒、脱毛纸、美容胶手套		
美甲：甲油胶彩绘颜料	1套	
1号透明全贴片、胶贴/黏土、美甲笔、调色板、美甲光疗灯、白色甲油胶、封层胶、清洁剂、棉片、闪粉、钻石	1套	
化妆：无色修颜隔离乳、粉底霜、散粉、修容饼、眼影、口红、腮红、眼线笔、眼线液笔、眉笔、唇线笔、假睫毛、睫毛膏、睫毛胶	1套	化妆品品牌：COLOUR STORY色彩故事
润肤水、润肤乳、美目贴、修眉镊子、眉剪、睫毛夹、粉扑、底妆海绵、彩妆套刷、调色板、调棒、化妆包	1套	品牌不限 不能携带辅助性工具
黑色收纳箱/包	1个	携带自带物品进场用（不带拖杆箱/行李箱进场比赛）

晚宴妆评判标准

模块一 晚宴妆

评分项	最高分/分	子标准项描述
M1	0.50	工作区域准备：在任务开始前拿取所需用品，并根据健康卫生要求做好工作区域准备。物品摆放安全整齐、井然有序、取放方便
M2	0.50	顾客准备：保护好顾客衣服、头发。皮肤进行清洁、爽肤和保湿
M3	1.00	假睫毛：假睫毛佩戴安全，紧贴自然睫毛粘贴，边角处不起翘
M4	1.50	结束及按时完成：在比赛结束前，将工作区域还原到赛前的标准，清洁消毒双手并站在工位上

续表

		模块一　晚宴妆
J1	2.00	底妆 0——底妆不自然，厚薄不均匀，分界线明显 1——底妆较自然，厚薄较均匀，有两三处分界线明显 2——底妆自然，厚薄均匀，一两处有细微分界线 3——底妆很自然，厚薄均匀，衔接自然无分界线
J2	2.00	立体修容 1——深浅修容无立体感，厚薄不均匀，分界线明显 2——深浅修容有些立体感，厚薄基本均匀，无明显分界线 3——深浅修容比较有立体感，厚薄比较均匀自然 4——深浅修容有立体感，厚薄均匀自然
J3	1.50	腮红 0——晕染不均匀，两颊的颜色深度及位置不一致，左右不平衡 1——晕染基本均匀，两颊的颜色深度及位置基本一致 2——晕染较均匀、立体，两颊的颜色深度及位置较一致 3——晕染均匀、立体，两颊的颜色深度及位置一致
J4	3.00	眼妆眼影、眼线及整体效果 0——不均匀、不平衡、不干净，形状、颜色深度及位置不一致 1——基本均匀、平衡、干净，形状、颜色深度及位置基本一致 2——较均匀、平衡、干净整洁，形状、颜色深度及位置较一致 3——均匀、平衡、干净整洁，形状、颜色深度及位置一致
J5	2.00	眉毛 1——不对称、不干净，眉形及粗细变化不自然、不流畅、无立体感 2——基本对称、干净，眉形及粗细变化基本自然流畅，有些立体感 3——比较对称、干净，眉形及粗细变化比较自然流畅，比较有立体感 4——对称、干净，眉形及粗细变化自然流畅，有立体感
J6	1.50	唇妆整体效果 0——不均匀、不平衡、不干净，唇线不流畅，形状不自然 1——基本均匀、平衡、干净，唇线基本流畅，形状基本自然 2——较均匀、平衡、干净整洁，唇线较流畅，形状较自然 3——均匀、平衡、干净整洁，唇线清晰流畅，形状自然
J7	3.50	整体效果 0——晕染过渡不自然，整体不协调、不干净，不符合晚宴妆要求 1——晕染过渡基本自然，整体基本协调、干净，基本符合晚宴妆要求 2——晕染过渡较自然，有层次感，整体较协调、干净，有美感，符合晚宴妆要求 3——晕染过渡自然，层次感丰富，整体协调、干净，有美感，符合晚宴妆要求
	19.00	得分

四、技能操作

要求：设定主题进行舞台妆造型设计

1. 了解拍摄的舞台妆的主题

2. 了解拍摄模特以往的妆容造型风格

3. 提前准备模特妆容塑造过程中可能用到的造型材料及使用规范

任务二　舞台妆妆容塑造

舞台妆
妆容塑造

一、任务描述

掌握舞台妆的眼影彩绘塑造、面部整体修容和唇妆塑造步骤。

二、任务分析

通过对舞台妆化妆过程的分步学习，掌握一个完整的舞台妆妆容的打造流程，并能实际操作。

三、任务实施

1. 底妆塑造

① 用小号遮瑕笔进行局部遮瑕（图 4-44）。

② 用美妆蛋按压进行底妆塑造（图 4-45）。

图4-44　　　　　　　　　　　　　　　　　图4-45

③ 面部的"T""V"部分用浅一色号的粉底打底（图 4-46）。

④ 其他面部部分用深一色号的粉底塑造（图 4-47）。

图4-46　　　　　　　　　　　　　　　　　图4-47

⑤ 用散粉定妆（图 4-48）。

⑥ 底妆塑造完毕（图 4-49）。

图4-48

图4-49

2. 眼妆塑造

① 用咖色眼影粉进行眼窝的造型设计（图 4-50、图 4-51）。

② 用深色眼影修饰后眼窝部位（图4-52）。

③ 用浅色粉底膏进行眼窝的高光晕染（图 4-53、图 4-54）。

图4-50

图4-51

图4-52

图4-53

图4-54

④ 用眼影晕染补色（图 4-55、图 4-56）。

图4-55　　　　　　　　　　　　　　　　图4-56

⑤ 修饰下眼影，前眼角用白色珠光眼影，后眼角用咖色珠光眼影（图 4-57～图 4-59）。

图4-57　　　　　　　图4-58　　　　　　　图4-59

⑥ 用深色眼线水笔勾勒眼线（图 4-60、图 4-61）。

⑦ 塑造下眼线（图 4-62）。

⑧ 塑造前眼角（图 4-63、图 4-64）。

⑨ 在睫毛根部贴上假睫毛（图 4-65、图 4-66）。

图4-60

图4-61　　　　　　　　　　　　　　　　图4-62

图4-63

图4-64

图4-65

图4-66

⑩ 使用睫毛膏刷上睫毛和下睫毛（图 4-67、图 4-68）。

⑪ 用棉签将真假睫毛黏合（图 4-69）。

图4-67

图4-68

3. 眉型塑造

① 使用眉笔定点塑造眉型（图 4-70）。

② 用眉粉晕染眉型（图 4-71、图 4-72）。

4. 修容塑造

① 以画"C"的形状从颧骨斜向下扫出腮红（图 4-73、图 4-74）。

图4-69

图4-70

图4-71

图4-72

图4-73

图4-74

② 使用高光粉提亮眼下三角区（图 4-75）。

③ 用深色修容粉修饰双颊与鼻翼（图 4-76、图 4-77）。

④ 修容完毕（图 4-78）。

图4-75

图4-77

图4-76

图4-78

5. 唇部塑造

① 用唇线笔定点塑造唇型（图 4-79）。

② 用唇膏涂满整个唇部（图 4-80）。

③ 使用深一色号的唇膏加深唇的轮廓（图 4-81）。

最后效果（图 4-82）。

图4-79

图4-80

图4-81

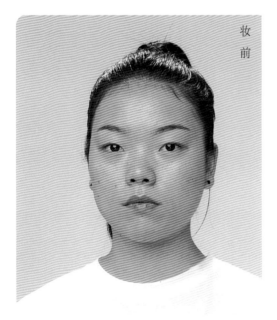

妆前

妆后

图4-82

四、技能操作

1. 了解世界技能大赛中舞台妆造型的考核标准

2. 进行舞台妆造型实训练习

 参考文献

［1］李芽，陈诗宇 . 中国妆容之美 [M]. 湖南：湖南美术出版社，2021.

［2］人力资源和社会保障部教材办公室 . 化妆师（中级）［M］. 北京：中国劳动社会保障出版社，2016.

［3］人力资源和社会保障部教材办公室 . 化妆师（基础知识）［M］. 北京：中国劳动社会保障出版社，2016.

［4］北京色彩时代商贸有限公司，熊雯婧，陈霜露，等 . 人物化妆造型职业技能教材（初级）［M］. 北京：化学工业出版社，2022.

［5］北京色彩时代商贸有限公司，毛金定，孙雪芳 . 人物化妆造型职业技能教材（中级）［M］. 北京：化学工业出版社，2022.

［6］徐莉 . 化妆形象设计［M］. 北京：中国纺织出版社，2019.

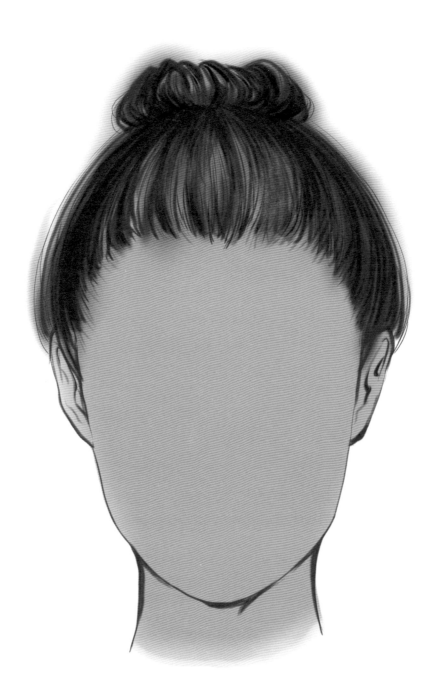

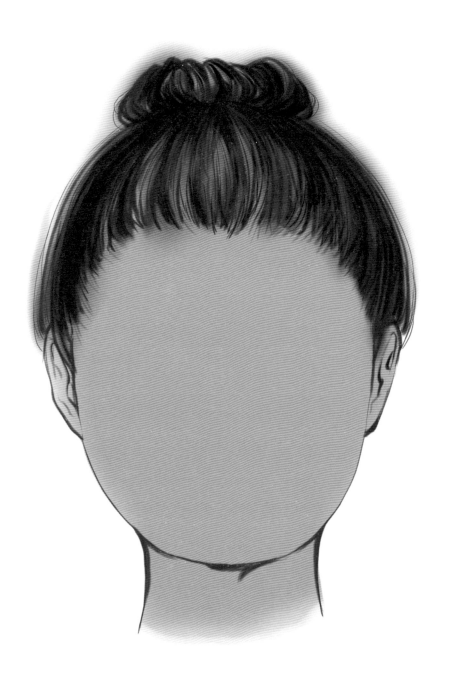

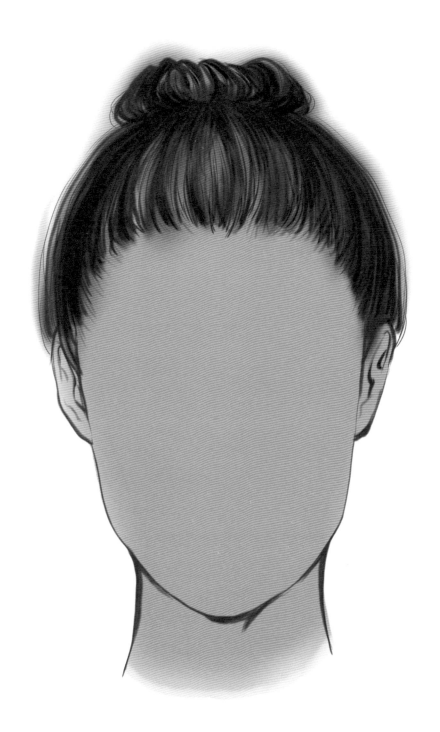

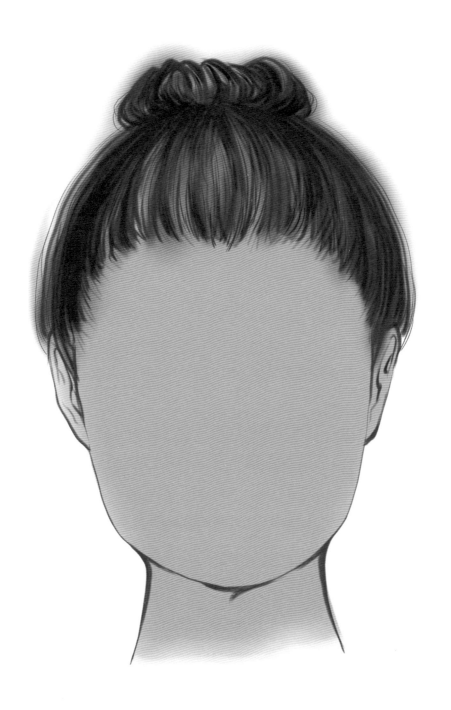

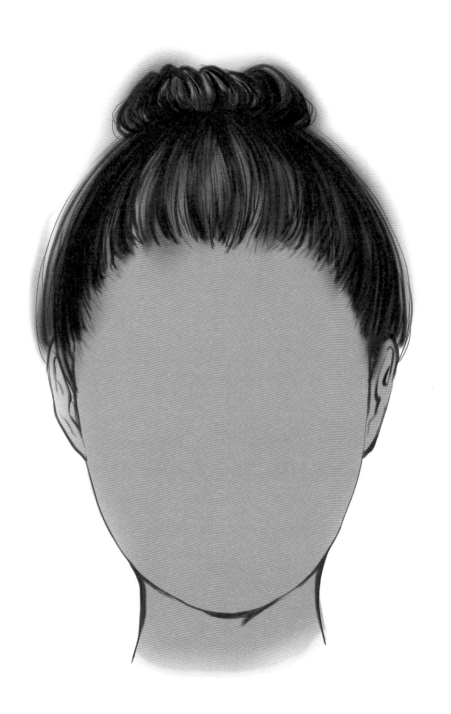

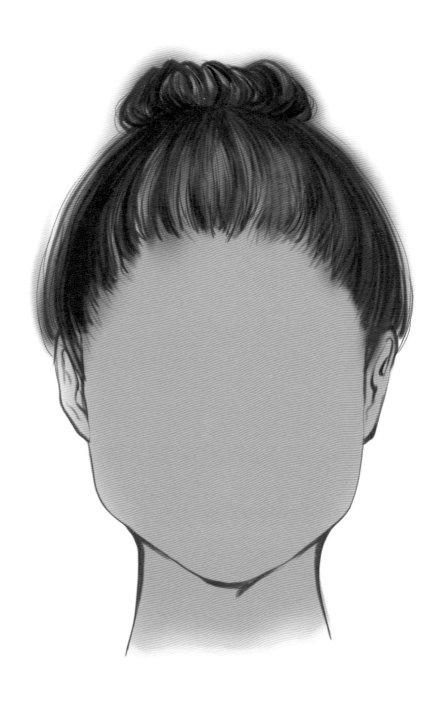

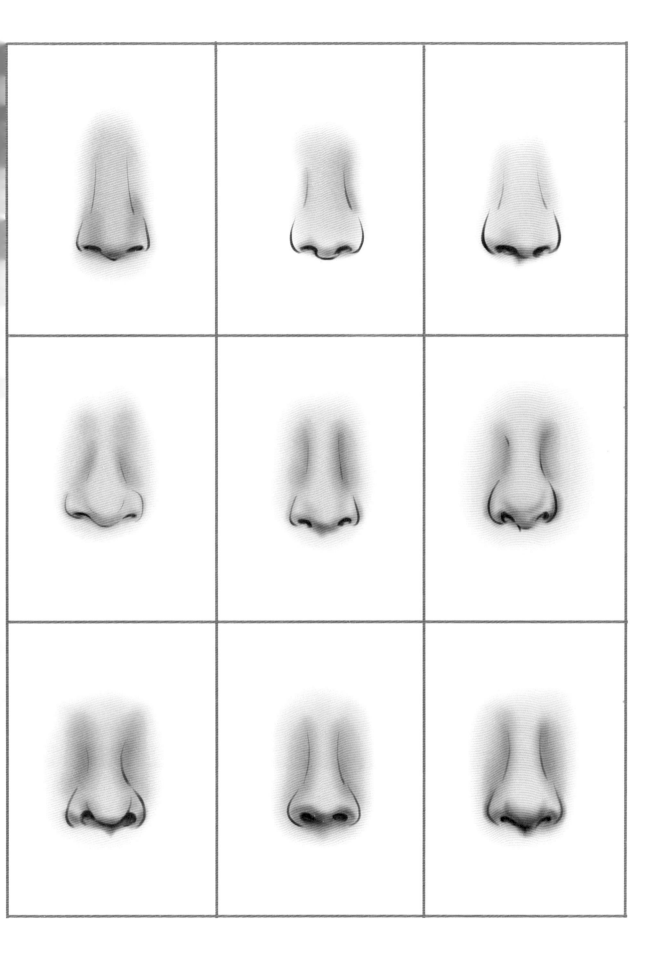